极品

大众菜

吉科食尚编委会◎主编

U0376199

吉林科学技术出版社

吉科食尚编委会　Author

刘国栋：中国饮食文化国宝级大师，著名国际烹饪大师，商务部授予中华名厨（荣誉奖）称号，全国劳动模范，全国五一劳动奖章获得者，中国餐饮文化大师，世界烹饪大师，国家级餐饮业评委，中国烹饪协会理事。

张明亮：从事餐饮行业40多年，国家第一批特级厨师，中国烹饪大师，国家高级公共营养师，全国餐饮业国家级评委。原全聚德饭庄厨师长、行政总厨，在全国首次烹饪技术考核评定中被评为第一批特级厨师。

李铁钢：《天天饮食》《食全食美》《我家厨房》《厨类拔萃》等电视栏目主持人、嘉宾及烹饪顾问，国际烹饪名师，中国烹饪大师，高级烹饪技师，法国厨皇蓝带勋章获得者，法国美食协会美食博士勋章获得者，远东区最高荣誉主席，世界御厨协会御厨骑士勋章获得者。

张奔腾：中国烹饪大师，饭店与餐饮业国家一级评委，中国管理科学研究院特约高级研究员，辽宁饭店协会副会长，国家高级营养师，中国餐饮文化大师，曾参与和主编饮食类图书近200部，被誉为"中华儒厨"。

韩密和：中国餐饮国家级评委，中国烹饪大师，亚洲蓝带餐饮管理专家，远东大中华区荣誉主席，被授予法国蓝带最高骑士荣誉勋章，现任吉林省饭店餐饮烹饪协会副会长，吉林省厨师厨艺联谊专业委员会会长。

高玉才：享受国务院特殊津贴，国家高级烹调技师，国家公共营养技师，中国烹饪大师，餐饮业国家级考评员，国家职业技能裁判员，吉林省名厨专业委员会会长，吉林省药膳专业委员会会长。

马长海：国务院国资委商业技能认证专家，国家职业技能竞赛裁判员，中国烹饪大师，餐饮业国家级评委，国际酒店烹饪艺术协会秘书长，国家高级营养师，全国职业教育杰出人物。

图片摄影：王大龙　杨跃祥

　　食物的价值在于淳朴和回归自然，而烹饪的魅力在于"以心入味，以手化食，以食悦人，以人悦己"。做饭、吃饭本是我们生活中最平常的事情，面对一日三餐，我们经常遇到的一个问题就是"今天吃什么"。

　　不可否认，快节奏的生活已经使我们逐渐远离了厨房，成为小餐馆、快餐店的常客。吃一顿或母亲、或妻子、或朋友、或自己做的家常饭菜，几乎成为一种奢望。紧张繁忙的工作让我们很难抽出时间用于提高厨艺，再联想到食材的购买、菜品的制作、锅碗瓢盆的清洗……这也难怪很多人为了吃一顿饭而犹豫不决了。

　　有没有一种既简单又经济的方法，可以让我们在工作之余享受到合胃适口的菜品呢？当我们走进了自己厨房的小天地，无论是假日料理一顿大餐，还是下班后烹制一两道小菜，自己动手做出来的饭菜终归比在饭馆里吃得舒心。

　　本着便捷、实用、好学、家常的宗旨，我们为您编写了《吉科食尚》系列图书。其中既有按食材属性制作家常风味美食的《真味家常菜》，又有按照季节和营养分类的《极品大众菜》，还有选料讲究、制作精细、味道独特的《品味私房菜》和招待亲朋好友小聚的《完美宴客菜》。本系列图书所介绍的每款菜肴，不仅取材容易、制作简便、营养合理，而且图文精美。对于一些重点菜肴的制作关键，还配以多幅彩图加以分步详解，可以使您抓住重点，快速掌握。

　　厨房虽然是一个充满烟火气的地方，但也是家的一部分。自己做饭的人不正是喜欢这种"家"的感觉吗？舀一勺精心烹制的饭菜放入口中，闭上眼睛感受浓郁的鲜香在味蕾中蔓延，幸福也在心中开花。在此，愿《吉科食尚》系列图书能使您从中享受到家的温馨、醇美和幸福。

吉科食尚编委会

极品大众菜

点滴大众菜12/四季饮食健康12/四季与食物四性13/四季与食物五味14/四季与食物五色15/春季饮食调理16/夏季饮食调理17/秋季饮食调理18/冬季饮食调理19

Part 1 养肝生津 春季菜

目录 CONTENTS

Part 2 养心清热 夏季菜

Part 3 养肺润燥 秋季菜

目录 CONTENTS

Part 4 养肾补益 冬季菜

原料目录

蔬菜食用菌

畜肉

禽蛋豆制品

水产品

目录 CONTENTS

米面杂粮

点滴大众菜

Diandi Dazhongcai

　　早在两千多年前，我们的祖先就认识到人与自然的密切关系，提出了人与自然是一个统一的动态和整体。在我国最早的一部医书《黄帝内经》中，已经认识到人与自然界的密切关系。如《素问•四气调神大论》说："夫四时阴阳者，万物之根本也。"人类为了适应自然的变化，必须"顺四时而适寒暑"，因此人们既要掌握自然变化规律，又要主动地适应自然变化的特点。

❤ 四季饮食健康 ❤

　　自然界一切生物在四季气候变化的影响下，必然产生相应的变化，这就是春生、夏长、秋收、冬藏的自然规律。人体的生理功能也是与大自然相适应的，一年四季机体的新陈代谢若违反这一规律，四时之气便会伤及五脏，即我国中医所谓的"春伤于风、夏伤于暑、秋伤于湿、冬伤于寒"。

　　根据中医理论，春、夏、秋、冬四季气候的变化，与人的生命活动是对立、统一的双方，人体必须适应四时气候的变化，才能维持正常生命活动，否则人体节律就会受到干扰，抗病能力和适应能力就会降低，即使不因感受外邪而致病，也会导致内脏的生理功能失调而产生病变。

　　《黄帝内经》明确指出："智者之养生——必顺四时而适寒暑"，即聪明人的养生原则是：必须顺从春夏秋冬四季阴阳消长的规律，适应一年寒热温凉的气候变化，人体才能保持健康，人类也才能够长寿。

　　作为饮食养生，是根据在不同季节的气候特点和人体生理病理特点，决定不同的饮食原则和要求。在此需要指出的是，划分四季不能固定于我国农历的某某月，应以气象学和物候学的特征为依据。只要符合其特征的，不管当时是什么月份，均可视为是相应的季节，并按照各季节的饮食养生来调理。

四季与食物四性

在我国传统养生理论中，首先讲究的为"四性五味"，这里的四性就是说食物进入人体后，对人体功能产生寒、凉、温、热等不同的反应和效果，其分为四种性质，因此被称为四性，另外对于寒热偏性不明显的，则统称为平性。

温热性食物

我们一般说的"燥"或"热"的食物就是指温热性食物，此类食物能使身体产生热量，有提升体能的作用，中医认为温热性食物属于阳性，有散寒、温经、通络、助阳等功效。温热性食物中以热性食物的作用最强，而比热性食物的效果弱一些的食物，则称为温性食物。温热性食物比寒凉性食物多，如适用于风寒感冒、发热、恶寒、流涕、头痛等症象的生姜、大葱、香菜；适用于腹痛、呕吐、喜热饮等症象的干姜、红茶；适用于肢冷、畏寒、风湿性关节痛等症象的辣椒、酒等，都是属于温热性质的食物。

寒凉性食物

一般被称为"凉""寒"或"退火"之类的食物就是寒凉性食物，此类食物有降低身体热能和体能的效果，中医认为寒凉性食物属于阴性，有清热、泻火、凉血、解毒等功效。寒凉性食物中以寒性食物的作用最为显著，而比寒性食物的效果再弱一些的食物，称为凉性食物。寒凉性食物不是很多，如适用于发热、口渴、烦躁等症象的西瓜；适用于咳嗽、胸痛、痰多等症象的梨等都属于寒凉性食物。

平性食物

对于性质平和不偏，介于凉性和温性食物之间，不冷不热的食物，可以归为平性食物。从历代中医食疗书籍所记载的三百多种常用食物分析，平性食物居多；温热性食物次之；寒凉性食物居后。平性食物具有健脾开胃，强壮补益的作用，除非个人有特殊的过敏性反应，大多数人群平日均可食用平性食物，而平性食物也是我们日常所食用的主要食物，如大米、面粉、黄豆、山芋、萝卜、苹果、牛奶等。

寒热温凉食物

中医认为每个人要根据自己体质特点，结合食物四性有针对性地选用食物。如寒性体质宜选用温热性食物，热性体质宜选用寒凉性食物等。也可根据不同季节的气候特点，选用适当的食物，如夏季宜选用寒凉性食物，冬季宜选用温热性食物等。

♥ 四季与食物五味 ♥

南甜北咸，东辣西酸，说的就是菜肴的味。中国菜以滋味胜出，味是中国菜的灵魂。古人把甜、酸、苦、辣、咸定为五味，并有"五味调和百味鲜"的说法。当然，这仅仅是大致的划分，有人认为鲜味、涩味也应该归入"基本味"，还有人认为苦味不宜列为烹饪中的五味之内等。可见味的种类很多，"五味"包括什么内容还可以加以探讨。

咸 味

咸味是百味之首，是一种能独立存在的味道，在烹调中作为调味中的主味使用，咸味也是各种复合味的基础味。一般的菜肴，大部分都要先有一些咸味，然后再配合其他的味。如酸甜口味的菜肴，也要调上少许咸味，吃起来才会酸甜带香。氯化钠（即食盐）是产生咸味的主要物质，此外具有咸味的调味品还有酱油、酱类、咸鱼、咸肉等，它们都是含有食盐成分的加工制品，其咸味仍是氯化钠所产生。

甜 味

甜味在调味中的作用仅次于咸味，有提供能量、构成组织、保护肝脏、促进消化及增进食欲的作用。甜味可增加菜肴的鲜味，并有特殊的调和滋味的作用。食物中有甜味的物质，主要是碳水化合物，即单糖、双糖及多糖。

酸 味

酸味是很多菜肴所不可缺少的味道，它不但可以单独构成菜肴的口味，还有较强的去腥解腻作用，并可以促进原料中钙质的分解。酸味是由有机酸和无机酸盐类分解为氢离子所产生，祖国医学认为，酸味有滋养肝脏的作用，少食有益，多则反蚀伤肝，使肝气偏盛。

辣 味

辣味是具有辛辣物质的香辛调料对味觉、嗅觉器官产生刺激所生成的感觉，其又分为热辣和辛辣两种。热辣是指主要作用于口腔中，能引起口腔烧灼感、痛感，而对鼻腔无明显刺激的感觉；辛辣是指不但作用于口腔中，同时又对鼻腔产生刺激的感觉。

苦 味

苦味是一种比较特别的味道，《本草备要》说："苦者能泻燥火。"中医认为，苦味入于心经，有泄心火、燥湿和坚阴作用。多食苦味食物有除湿利尿的功效。现代科学研究认为，苦味物质主要有生物碱、配糖体、苦味肽、尿素类、硝基化合物等成分。如苦瓜中的苦味物质是生物碱类中的奎宁；啤酒的苦味是酒花产生的；茶叶中则含有咖啡碱。

四季与食物五色

中国把红、黄、蓝、白、黑作为正色，其他为间色。那么食品的营养、保健价值与食品本身的色彩有关系吗？答案是肯定的。在我国传统文化宝库中，食品的色泽与食物养生有一套比较全面的理论。如食物中的五色相对应于人体的五脏。即赤色入心、青色入肝、黄色入脾、白色入肺、黑色入肾。再比如中医认为红色食品可使人精神振奋，胃口大开；黑色食品益脾补肝，滋肤美容；绿色食品为肠胃的天然清道夫；白色食品含有丰富的蛋白质和钙质；黄色食品为维生素的天然源泉。

黑色食品

黑色食品中蛋白质、脂肪的含量丰富，有利于营养脑细胞，防止血胆固醇沉积；还含有较丰富的B族维生素，特别富含我国膳食结构中容易缺乏的核黄素。此外大部分黑色食品的独特优点是所含的钙、磷比例合理，对人体大有益处。

绿色食品

绿色食品中最为常见的为蔬菜类食品，在饮食中占有重要地位。绿色食品含有丰富的维生素C、维生素B₁、维生素B₂、胡萝卜素及多种微量元素，有利于维持人体酸碱平衡，使大便通畅，保持肠道正常菌群繁殖，改善消化，预防结肠癌等。

红色食品

红色食品中最为常见的为畜肉类食品，如猪肉、鸡肝、鸭心等；蔬菜类中的番薯、红皮洋葱、番茄、辣椒等；粮食类中的红小豆、紫玉米、高粱米等也可以归为红色食品。现代营养学研究发现，一般红色食品中，蛋白质、氨基酸、维生素及微量元素钙、铁等含量较高，对人体有很好的医疗保健价值。

黄色食品

一般黄色食品中，蛋白质、维生素及微量元素钙、磷、铁等含量较高，营养结构合理。如黄色果蔬中的胡萝卜、黄豆、花生、杏等富含维生素A和维生素D，能保护胃肠黏膜，防止胃炎、胃溃疡等疾患发生；维生素D有促进钙、磷两种矿物元素吸收的作用，进而收到壮骨强筋之功，对于儿童佝偻病、中老年骨质疏松等有预防之效。

白色食品

除了食品本身的色泽为白色或浅色外，对于有些原料，如鱼类等因其同我们常说的红色畜肉类相比，色泽淡雅，因此我们将鱼类也归为白色食品。白色食品是比较理想的保健食品，不但营养丰富，而且还是防治疾病的良药。如白色蔬菜中的茭白、莲藕、竹笋、白萝卜等，对高血压和心肌病患者有益处。

春季饮食调理

春天是细菌病毒滋生的旺季，人们易于感染流感、急性支气管炎、肺炎、麻疹、百日咳等，此外许多慢性病，如气管炎、哮喘、肺心病等也容易复发。中医认为，春天养阳重在养肝，因为肝脏具有解毒、排毒的功能，负担最重。为了适应春季气候的变化，在饮食调理上应注意以下几个方面。

养肝为先

我国中医认为春季养阳重在养肝。春季肝火上升，会使虚弱的肺阴更虚，故肺结核病会乘虚而入。中医认为春在人体主肝，而肝气自然旺于春季。因此春季养生不当，便易伤肝气。为适应季节气候的变化，保持人体健康，在饮食调理上应当注意养肝为先，而鸡肝、鸭血、菠菜等为养肝食疗佳品。

多甜少酸

唐代名医孙思邈说："春日宜省酸，增甘，以养脾气。"意思是当春天来临之时，人们要少吃点酸味的食品，多吃些甜味的食品，这样做的好处是能补益人体脾胃之气。春季人们要少吃些酸味的食物，以防肝气过于旺盛；而甜味的食物入脾，能补益脾气，故可多吃一些。

养阳为本

阳即指阳气对人体起着保卫作用，可使人体坚固，免受自然界六淫之气的侵袭。春天在饮食方面，宜多吃些温补阳气的食物，以使人体阳气充实，增强人体抵抗力，抵御风邪为主的邪气对人体的侵袭。

营养平衡

春季强调蛋白质、碳水化合物、维生素和矿物质保持相对比例，防止饮食过量、暴饮暴食，避免引起肝功能障碍或引起胆汁分泌异常。另外保证碳水化合物的供给，因为碳水化合物是大脑唯一可利用的能源。

清淡为主

春季饮食要由冬季的膏粱厚味转变为清温平淡，在动物食品上应少吃肥肉等高脂肪食物，因为油腻的食物食后容易产生饱腹感，人体也会产生疲劳现象。饮食宜温热，忌生冷，并应禁或少食辛辣食物，以免助火伤身，特别是身体虚弱者更要选择平补、清淡的饮食。

夏季饮食调理

夏季当人在炎热的环境中劳动时，体温调节、水盐代谢以及循环、消化、神经、内分泌和泌尿系统发生了显著的变化，而这些变化，最终导致人体代谢增强，营养素消耗增加。另一方面，天热大量出汗，又导致了许多营养素从汗液流失。而夏天人们的食欲减低和消化吸收不良又限制了营养素的正常摄取，所以这些均有可能导致集体营养素代谢紊乱，甚至引起相应的营养素缺乏症与其他疾病。

养心健脾

夏季属火，人们容易出现疲劳、胸闷、睡眠不好、头痛、心悸等症状，心脏负担加重之后，心脑疾病也容易频发。因此在夏季饮食应以清热祛湿、健脾养心为主。

清补为上

热天以清补、健脾、祛暑化湿为原则。应选择具有清淡滋阴功效的食品，如鸭肉、鲫鱼、虾、瘦肉、香菇、银耳、紫菜、薏米等。此外，亦可进食一些解暑药粥，有一定的驱暑生津功效。

增苦少甘

苦味食物中所含的生物碱具有消暑清热、促进血液循环、舒张血管等药理作用。热天适当吃些苦瓜、苦菜等苦味食品，不仅能清心除烦、醒脑提神，且可增进食欲、健脾利胃。少甘是指夏季要少食糖，糖在体内分解时会使血液从正常的弱碱性变为酸性，造成免疫功能低下，抗病能力弱。

忌贪生冷

夏季气候炎热，所以喝点冷饮，能帮助体内散发热量，补充体内水分，起到生津止渴、清热解暑的作用。但需要注意切忌因贪凉而暴食冷饮。如果过量，易引起胃肠道疾病。

饮食卫生

炎热天气吃拌菜，如果加工时不注意清洁卫生，就很容易引起多种疾病。为了预防疾病的发生，凉拌菜不仅要求原料保持清洁，而且制作所用的刀、案板、容器也要洗净消毒，注意饮食卫生。

高蛋白质

由于夏季人体营养素消耗大，代谢机能旺盛，体内蛋白质分解加快，常处于蛋白质缺乏状态。所以要常吃些富含优质蛋白质，而又易于消化的食品，如鱼类、蛋类、豆制品和牛奶等。

❤ 秋季饮食调理 ❤

秋季由于气温多变，秋燥、秋乏、秋寒等气候变化的影响，可引起人体一系列的生理变化。为增强人体调节机能，适应多变的气候，秋季在饮食调理上，应在以下几个方面加以调节和注意。

防燥养阴

秋季饮食以防燥养阴、滋阴润肺为准绳。古代《饮膳正要》中说"秋气燥，宜食麻以润其燥"。中医认为，春夏属阳，秋冬属阴，人体顺应四时阴阳的变化规律，就必须在秋冬之际顾护阴气，使其收敛潜藏，以为来年打下基础。

少辛多酸

秋季饮食，宜贯彻"少辛多酸"的原则，所谓少辛，是指少吃一些辛味的食物。因为肺属金，通气于秋，肺气盛于秋，很容易损伤肝的功能。宜食用一些含酸较多的食物，以增加肝脏的功能，抵御过剩肺气的侵入。

重点养肺

中医认为秋季养生，重点在肺。由于秋季转凉，气候干燥，一切生物的新陈代谢机能开始由旺盛而转为低潮。人体如果不能适应外界气温的变化，体表肌肤及担负呼吸机能的肺脏稍有不慎，便会发生感冒、咳嗽，特别是那些素有哮喘病、支气管炎等病史者，也往往在秋季复发或病情加重。

多温少凉

秋季宜多食温食，少食寒凉之物，以颐养胃气。如过食寒凉之品或生冷、不洁瓜果，会导致温热内蕴，毒滞体内，引起腹泻、痢疾等疾病。所以有"秋瓜坏肚"的民谚，老年人、儿童及体弱者尤要注意。

清润为宜

初秋清淡饮食，能清热、防暑、敛汗、补液，还能增进食欲。秋季可多食些豆腐、莲藕、萝卜、百合、菱角、香蕉、苹果、葡萄、银耳、核桃、芝麻等有润肺、滋阴、养血作用的食物，对防止秋燥很有好处。

平补为宜

秋季气温趋于凉爽，人体的生理功能逐渐趋于平和，一般不需要进补。对身体衰弱者需要服用补品者，也要选用平补的食品，如百合、银耳、燕窝、山药、莲子、马蹄、菱角及枸杞子、蜂蜜、蜂王浆等。

冬季饮食调理

根据冬季节特点，饮食调理上应以"保阴潜阳"为原则。我国中医提出冬季饮食"三加一"原则，即保温、御寒、防燥，加上进补。保温就是通过饮食以保证体温，即增加热能的供给；御寒是通过饮食以抵御寒冷，即注意补充富含矿物质的食品；防燥就是通过饮食以防止干燥，在饮食上注意补充维生素B₂、维生素C等；此外冬季是最好进补时机，有"三九补一冬，来年无病痛"之说。

 高热御寒

冬季的饮食原则，一是要有丰富、足够的营养，热量要充足；二是食物应该是温热性的，有助保护人体的阴气。在这一理论指导下，中医归纳了一些御寒食品，例如肉类中的羊肉、牛肉、火腿、鸡肉、狗肉；蔬菜中的辣椒、胡椒、大蒜、生姜、蘑菇、香葱、韭菜等，既补充足够营养，又保护人体阳气，吃了使身体觉得暖和。

 滋润食品

冬天虽然清爽，但是太过干燥。当天气的湿度只有20％的时候，难免会唇干舌燥。干燥的冬天又特别容易引起咳嗽，而这类咳嗽差不多都是燥咳，治疗方法是以食用具有滋润食品为佳，如马蹄、苹果、川贝、蜂蜜等。

 注重食补

许多人习惯于在冬令时服用些补品。人参、鹿茸、阿胶、黄芪之类固然对人各有益处，但如果服用不当就常会带来副作用。适当进行食补既经济实惠又没有副作用。所以冬令进补养生应遵循"药补不如食补"的原则。

吃点生姜

人们常说"冬有生姜，不怕风霜"。常食生姜能促进血液的循环，并有促进胃液分泌以及肠管蠕动、帮助消化、增进食欲的作用。生姜还有抗氧化作用，临床上常将生姜用于外感风寒、头痛、咳嗽、胃寒、呕吐等症的辅助治疗。

切忌生冷

冬季要切忌食用生冷或者比较黏硬的食物。因为此类食物属阴，易使脾胃之阳受损。但有些冷食对某些人亦可食，如脏腑热盛上火或发烧时，可适当进食一些冷食，但必须要注意，每次吃冷食不宜过多、过量，以防损伤脾胃。

Part 1

养肝生津 春季菜

韭菜炒虾仁

🥢韭菜 🍵咸鲜味 ⏰15分钟

材料

韭菜⋯⋯⋯⋯⋯⋯ 300克
鲜虾仁⋯⋯⋯⋯⋯ 50克
葱花⋯⋯⋯⋯⋯⋯ 15克
姜末⋯⋯⋯⋯⋯⋯ 10克
精盐⋯⋯⋯⋯⋯⋯ 1小匙
料酒⋯⋯⋯⋯⋯⋯ 2小匙
植物油⋯⋯⋯⋯⋯ 2大匙

做法

1. 韭菜择洗干净，切成3厘米长的段；虾仁从背部片开，挑除沙线，洗净，沥干水分。

2. 炒锅置旺火上，加入植物油烧至六成热，先下入葱花、姜末炒出香味。

3. 再放入鲜虾仁、韭菜段，快速翻炒均匀，然后烹入料酒，加入精盐调好口味，即可出锅装盘。

芦笋 ·············· 350克
鲜虾仁 ············ 200克
葱段 ·············· 10克
姜片 ·············· 5克

精盐 ·············· 1小匙
白糖、鸡精 ··· 各1/2小匙
料酒 ·············· 1大匙
水淀粉、植物油 ··· 各适量

芦笋虾球

芦笋 | 咸鲜味 | 20分钟

养生功效

芦笋有鲜美芳香的风味,膳食纤维柔软可口,能增进食欲,帮助消化。在西方,芦笋被誉为"十大名菜之一",是一种高档而名贵的蔬菜。

做法

1. 虾仁去虾线,洗净,在背部划一刀,再用精盐、鸡精拌匀,用热油滑至变色,捞出;精盐、白糖、水淀粉调成芡汁。

2. 芦笋去根,洗净,切成小段,再放入热油锅中,加入精盐、鸡精炒至熟,盛入碗中。

3. 锅中留底油,复置火上烧至六成热,先下入葱段、姜片炒出香味,再放入虾仁、料酒炒匀。

4. 然后拣出葱段、姜片不用,加入芡汁翻炒均匀至入味,盛入装有芦笋的碗中,即可上桌。

泡菜三文鱼

三文鱼　　酸辣味　　30分钟

材料

净三文鱼肉 ……… 300克
四川泡菜 ………… 50克
泡菜汁 …………… 2大匙
精盐 ……………… 1/2小匙
香油 ……………… 1小匙
芥末膏 …………… 15克
冰块 ……………… 500克

做法

1. 三文鱼放入清水中洗净，将肉沿着背脊部切下，片成片；四川泡菜切成菱形块。

2. 冰块放入刨冰机中打成碎片，放入盘中堆成小山，再将三文鱼片整齐地摆放入盘中。

3. 碗中先放入芥末膏，加入精盐、泡菜汁搅散，再放入香油、泡菜块充分调匀成味汁，随三文鱼一起上桌，蘸食即可。

养生功效

三文鱼能有效地预防如糖尿病等慢性疾病的发生、发展，具有很高的营养价值，享有"水中珍品"的美誉。

多味黄瓜

🥒黄瓜 🍲甜酸味 ⏰60分钟

材料

黄瓜·············· 250克

红干椒丝·········· 30克

姜丝·············· 10克

精盐、酱油 ······ 各1小匙

白糖、植物油 ··· 各4小匙

米醋·············· 2小匙

香油·············· 1/2小匙

做法

1. 黄瓜去蒂，洗净，切成滚刀块，放入碗中，加入适量精盐拌匀，腌10分钟，沥干水分。

2. 锅中加入植物油烧至六成热，下入红干椒丝、姜丝炒香，再加入酱油、白糖、米醋稍煮，淋入香油。

3. 出锅倒入碗中，晾凉成味汁，然后放入黄瓜块拌匀，腌渍20分钟，装盘上桌即可。

胡萝卜炝冬菇

香菇 ● 咸鲜味 ● 一〇分钟

材料

冬菇	150克	精盐	1小匙
莴笋、胡萝卜	各50克	味精、白糖	各1大匙
葱丝、姜丝	各5克	花椒油	2大匙

做法

1. 冬菇放入清水中浸泡至软，去除根蒂，洗净，切成粗丝，放入沸水锅内焯烫一下，捞出沥水。

2. 莴笋去根、去皮，洗净，切成丝；胡萝卜去皮，洗净，切成粗丝。

3. 净锅置火上，加入适量清水烧沸，放入莴笋丝、胡萝卜丝焯烫一下，捞出沥干。

4. 冬菇丝、莴笋丝、胡萝卜丝、精盐、味精、白糖拌匀，撒上葱丝、姜丝，浇上烧热的花椒油即可。

腌泡八仙菜

🍲萝卜 🥣咸鲜味 ⏰7天

材料

白萝卜、胡萝卜… 各200克

豆角、青笋 …… 各150克

青椒、青蒜 …… 各120克

生姜、洋葱 …… 各100克

花椒…………… 5克

八角…………… 10克

桂皮…………… 少许

精盐…………… 2大匙

白酒…………… 4小匙

做法

1. 白萝卜、胡萝卜、青笋、青椒、洋葱洗净, 切成块; 豆角洗净, 放入沸水锅中焯熟, 捞出沥水, 切成段; 生姜切成片; 青蒜瓣瓣。

2. 锅置火上, 加入清水1000克烧沸, 再加入精盐、花椒、八角和桂皮煮5分钟, 关火晾凉成味汁。

3. 将原料装入泡菜坛中, 倒入味汁, 加入白酒, 盖严坛盖, 添足坛沿水, 腌泡7天, 即可取出食用。

养生功效

萝卜中含丰富的维生素C和微量元素锌, 有助于增强机体的免疫功能, 提高抗病能力。萝卜中的芥子油能促进胃肠蠕动, 增加食欲, 帮助消化。

极品大众菜

材料

鸽蛋	400克	茶叶	10克
精盐	1大匙	卤料包	1个
味精	1小匙		
白糖	3大匙		
香油	少许		
大米	100克		

（姜片、鸡油各20克，八角、肉蔻、砂仁、白芷、桂皮、丁香、小茴香各少许）

香熏鸽蛋

鸽蛋 · 烟熏味 · 20分钟

养生功效

鸽蛋营养丰富，对成长发育中的青少年有非常好的滋补效果，常吃不仅可预防儿童麻疹，还可以增强体魄，促进骨骼发育等。

做法

1. 将鸽蛋洗净，放入清水锅中，加入少许精盐烧煮至熟，捞出，用冷水过凉，沥干水分，剥去外壳。

2. 净锅置旺火上，加入适量清水、卤料包、精盐、味精和少许白糖烧煮5分钟成卤汁。

3. 放入鸽蛋，烧沸后改用小火卤煮约3分钟，然后关火浸泡5分钟，捞出、沥干水分。

4. 锅中撒入大米、茶叶、白糖，架上箅子，放上鸽蛋，盖严盖，旺火熏3分钟，取出刷上香油即可。

椒油笋丝掐菜

🔵 绿豆芽　🍚 麻香味　🐻 15分钟

材料

绿豆芽 ·············· 200克
青笋 ················ 100克
京糕 ················· 50克
花椒 ··················· 5克
精盐、鸡精 ······ 各1小匙
白糖、米醋 ······ 各少许
植物油 ············· 2大匙

做法

1. 绿豆芽掐去两头,洗净;青笋去皮,洗净,切成丝;京糕切成丝。

2. 绿豆芽、青笋丝放入沸水锅中焯烫一下,捞出晾凉,放入盆中,撒入京糕丝拌匀,再加入鸡精、白糖、米醋调拌均匀。

3. 锅中加油烧热,撒入少许精盐稍炒,再下入花椒炸糊,捞出花椒不用,将热油浇在绿豆芽、笋丝上拌匀,装盘上桌即可。

香辣土豆丁

土豆　　香辣味　　15分钟

材料

土豆·················· 400克

红干椒·················· 20克

葱丝·················· 15克

姜末·················· 5克

精盐·················· 1小匙

味精、米醋 ··· 各1/2小匙

猪肉汤·················· 100克

植物油·················· 适量

做法

1. 将土豆去皮，洗净，切成2厘米见方的小丁，再放入七成热油中炸至金黄色，捞出沥油；红干椒洗净，切成小段。

2. 锅中留底油，复置旺火上烧至七成热，先下入葱丝、姜末炒出香味。

3. 再放入红干椒段煸炒至出红油，然后加入土豆丁，添入猪肉汤烧沸。

4. 放入精盐、米醋翻炒至熟，再加入味精调好口味，即可出锅装盘。

材料

黄瓜	500克	白糖	3大匙
红干椒	10克	味精、生抽	各1大匙
姜丝	5克	香油、植物油	各2小匙
精盐、白醋	各2大匙		

五味黄瓜

🥒 黄瓜 🍜 酸甜味 ⏱ 90分钟

养生功效

黄瓜中所含的葡萄糖甙、果糖等不参与通常的糖代谢,故糖尿病人以黄瓜代替淀粉类食物充饥,血糖非但不会升高,甚至会降低。

做法

1. 将黄瓜去蒂,洗净,擦净水分,斜刀切成薄片(切至2/3深处,不要切断),再用精盐拌匀,腌渍10分钟,挤干水分。

2. 净锅置火上,加入植物油烧至八成热,先下入红干椒炸香,再加入生抽、白糖、白醋和适量清水煮成味汁。

3. 然后放入姜丝、味精调匀,再将切好的黄瓜放入味汁中腌渍1小时(每隔15分钟翻动1次),待黄瓜入味后即可。

白卤猪手

猪蹄　酱香味　8小时

材料

鲜猪蹄 ………… 4只(约2000克)

葱段、姜片 ……… 各15克

八角 ………………… 10克

精盐 ……………… 1小匙

冰糖、玫瑰露酒 … 各适量

做法

1. 将鲜猪蹄刮洗干净,剁去蹄甲,再放入盆中,用精盐反复揉搓,腌渍6小时,取出冲净。

2. 锅中加入适量清水,放入葱段、姜片、八角、精盐、冰糖烧沸,熬煮15分钟,制成卤汤。

3. 将猪蹄放入卤汤锅中,加入玫瑰露酒烧沸,再旺火煮10分钟。

4. 然后转小火续煮1.5小时,捞出晾凉,剁成小块,装盘上桌即可。

养生功效

猪蹄对于经常四肢疲乏,腿部抽筋、麻木,消化道出血,失血性休克及缺血性脑病患者一定辅助疗效,它还有助于青少年生长发育和减缓中老年妇女骨质疏松的速度。

鸡丝蕨菜

☝鸡胸肉　🍲咸鲜味　⏰15分钟

材料

鸡胸肉 ……………… 300克
嫩蕨菜 ……………… 100克
春笋 ………………… 50克
红辣椒 ……………… 15克
鸡蛋清 ……………… 1个
葱丝、姜丝 ……… 各15克
精盐、白糖 ……… 各2小匙
料酒、香油 ……… 各1小匙
淀粉 ……………… 1/2大匙
植物油 ……………… 2大匙

做法

1. 鸡胸肉洗净，切丝，加入精盐、鸡蛋清、料酒、葱丝、姜丝、淀粉抓匀。

2. 蕨菜择洗干净，切成小段；春笋洗净，切丝；红辣椒洗净，去蒂及籽，切成细丝。

3. 锅置火上，加油烧热，先下入鸡肉丝炒散至变色，再放入葱丝、姜丝、红辣椒丝炒匀。

4. 然后烹入料酒，加入春笋丝、蕨菜段、精盐、白糖炒至入味，淋入香油，出锅装盘即成。

滑子蘑小白菜

小白菜 〜 咸鲜味 〜 一分钟

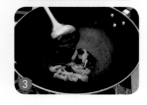

材料

小白菜 …………… 300克	味精、鸡精 …… 各适量
滑子蘑 …………… 200克	水淀粉 ………… 1大匙
蒜片 …………… 10克	香油 …………… 少许
精盐、料酒 …… 各1小匙	植物油 ………… 2大匙

做法

1. 小白菜去根、洗净,切成两段;滑子蘑择洗干净,放入沸水锅中略焯,捞出沥干。

2. 炒锅置火上,加入植物油烧至六成热,先下入蒜片翻炒出香味。

3. 再放入小白菜、滑子蘑翻炒均匀,然后烹入料酒,加入精盐、味精、鸡精炒至入味,再用水淀粉勾薄芡,淋入香油推匀,即可出锅装盘。

茭笋炒猪肝

🐷猪肝 🍲咸鲜味 ⏰10分钟

材料

猪肝·················· 300克

茭白片 ············· 150克

甜蜜豆、水发木耳···各30克

葱末、姜末 ·······各5克

精盐、酱油 ······各1小匙

料酒 ··············· 1小匙

白糖、米醋 ··· 各1/2小匙

胡椒粉、香油 ··· 各1/2小匙

淀粉················· 1大匙

植物油、清汤 ··· 各适量

做法

1. 将猪肝用清水洗净，切成小片，加入精盐、酱油、胡椒粉、淀粉拌匀上浆，再放入沸水中略焯一下，捞出沥干。

2. 小碗中加入清汤、精盐、酱油、白糖、米醋、葱末、姜末、料酒、胡椒粉、香油调拌均匀，制成味汁。

3. 锅中加入植物油烧至六成热，先下入茭白片、甜蜜豆、木耳略炒，再烹入味汁，放入猪肝片炒至入味，出锅装盘即可。

养生功效

猪肝中含有丰富的铁，铁是血红蛋白的主要成分，也是人体合成红血球的重要原料。对生理性贫血、缺铁性贫血和献血后的人群，猪肝是补铁的最佳来源。

材料

水发黑木耳	120克	味精	2小匙
水发黄花菜	100克	鸡精	1大匙
香菜末	少许	胡椒粉	少许
葱末	10克	鲜汤	500克
姜末、蒜末	各5克	植物油	2大匙
精盐	1小匙		

木耳黄花汤

木耳 / 咸鲜味 20分钟

做法

1. 水发黑木耳去蒂，洗净，切成细丝；水发黄花菜择洗干净，放入沸水锅中焯烫一下，捞出、沥干。

2. 净锅置火上，加入植物油烧至六成热，先下入葱末、姜末、蒜末炒出香味，再添入鲜汤烧沸。

3. 放入黑木耳丝、黄花菜略煮片刻，然后加入精盐、味精、鸡精煮至入味。

4. 撇去表面浮沫，出锅倒入汤碗中，撒上胡椒粉、香菜末，即可上桌。

荠菜里脊丝

🍲荠菜 🥣咸鲜味 🐻20分钟

材料

新鲜嫩荠菜 ………… 300克
猪里脊肉 ………… 100克
熟冬笋 ………… 50克
精盐、味精 …… 各1小匙
料酒、淀粉 …… 各1大匙
水淀粉、香油 … 各少许
肉汤、植物油 … 各适量

味法

1. 将嫩荠菜择洗干净,放入沸水锅中焯烫一下,捞出过凉,切成小条;熟冬笋切成细丝。

2. 猪里脊肉洗净,切成丝,加入少许精盐和淀粉抓匀上浆,放入热油中滑熟,捞出沥油。

3. 锅中留底油烧热,下入冬笋、荠菜略炒,再加入精盐、味精、料酒、肉汤烧沸,然后放入里脊丝炒匀,用水淀粉勾芡,淋入香油即成。

胡萝卜炒木耳

木耳 🥄 咸鲜味 🐻 15分钟

材料

水发黑木耳 ……… 200克

胡萝卜 ………… 150克

姜末………… 10克

精盐、鸡精 …… 各1小匙

酱油 ………… 1小匙

白糖 ………… 1/2小匙

料酒………… 1大匙

植物油 ………… 2大匙

做法

1. 水发黑木耳去根，用清水洗净，撕成小朵；胡萝卜去根，削去外皮，洗净，切成薄片。

2. 锅中加入适量清水烧沸，分别放入水发黑木耳、胡萝卜片焯烫一下，捞出沥干。

3. 坐锅点火，加入植物油烧至七成热，先下入姜末炒出香味，再放入胡萝卜片、黑木耳翻炒均匀。

4. 然后烹入料酒，加入精盐、鸡精、酱油、白糖炒至入味，即可出锅装盘。

材料

心里美萝卜丝	100克	熟芝麻	15克
白萝卜丝	75克	精盐、味精	各1小匙
胡萝卜丝	75克	酱油、白醋	各1大匙
大头菜丝	50克	白糖	1大匙
黄瓜丝	50克	芝麻酱	适量
生菜丝	35克	芥末油	适量
白菜丝	35克		

麻酱素什锦

萝卜 · 鲜香味 · 10分钟

做法

1. 将各种蔬菜丝放入容器内，加入凉开水和少许精盐调匀，浸泡10分钟，捞出，换清水洗净，沥净水分，摆入盘中。

2. 把芝麻酱放入小碗中，先加入少许凉开水调开（一般1大匙芝麻酱需要加上3大匙凉开水），再放入精盐、酱油调匀。

3. 然后加入味精、白醋、白糖和芥末油，充分搅拌均匀，放入熟芝麻拌匀成味汁，浇在蔬菜丝上，食用时拌匀即可。

培根芦笋卷

🍃芦笋 🍜咸鲜味 ⏰20分钟

材料

芦笋	500克
培根	5片
精盐	1/2小匙
黑胡椒粉	1/2小匙
白兰地酒	1大匙
奶酪粉	少许
橄榄油	适量

做法

1. 芦笋去根、去外皮，洗净，放入淡盐水中焯烫一下，捞入清水中过凉，沥干水分。

2. 培根片铺在案板上，在1/5处放上3根芦笋，卷起成卷，逐片卷好。

3. 锅置火上，加入橄榄油烧热，放入培根芦笋卷，用中火煎约1分钟，撒入黑胡椒粉。

4. 再烹入白兰地酒，翻面续煎约1分钟，出锅装盘，撒上奶酪粉即可。

养生功效

芦笋可以使细胞生长正常化，具有防止癌细胞扩散的功能。国际癌症病友协会研究认为，它对膀胱癌、肺癌、皮肤癌和肾结石等有益。对其他癌症也有很好效果。

姜葱熘虾段

大虾　葱姜味　15分钟

材料

大虾⋯⋯⋯⋯⋯⋯ 500克

胡萝卜 ⋯⋯⋯⋯⋯ 25克

香菜⋯⋯⋯⋯⋯⋯ 15克

葱段、姜丝 ⋯⋯⋯ 10克

精盐、味精 ⋯⋯⋯ 各1小匙

白糖、花椒水 ⋯ 各2小匙

料酒、酱油 ⋯⋯⋯ 各1大匙

水淀粉⋯⋯⋯⋯⋯ 2大匙

植物油⋯⋯⋯⋯⋯ 适量

做法

1. 大虾去壳、沙线和沙袋，洗净，切成段；胡萝卜去皮，洗净，切成片；香菜洗净，切成小段。

2. 锅置火上，加油烧热，加入葱段、姜丝炝锅，放入大虾段、胡萝卜片和花椒水稍炒。

3. 放入精盐、酱油、白糖、料酒、味精炒匀，用水淀粉勾芡，撒上香菜段，出锅装盘即可。

椿芽蚕豆

鲜蚕豆、咸鲜味、一O分钟

①

②

③

材 料

鲜蚕豆仁 ············· 200克	味精················ 1/2小匙
香椿芽 ··············· 30克	辣椒油、鸡汤 ··· 各1大匙
精盐 ················· 1小匙	

做 法

1. 将鲜蚕豆仁洗净，放入沸水锅中煮至熟嫩，捞出、沥干，摊开晾凉。

2. 香椿芽去根，洗净，放入沸水中略焯一下，捞出过凉，切成碎粒。

3. 将精盐、味精、辣椒油、鸡汤放入容器中调拌均匀，再放入蚕豆仁、香椿芽拌匀，即可装盘上桌。

红烧鱼尾

🐟 鲤鱼 🍵 咸鲜味 ⏰ 45分钟

材料

鲤鱼尾…………………… 1条
青蒜……………………… 25克
大蒜……………………… 2瓣
精盐、番茄酱 … 各1小匙
黑胡椒粉………………… 少许
白糖、酱油 ……… 各1大匙
植物油…………………… 2大匙

做法

1. 青蒜择洗干净,切成细丝;大蒜去皮,洗净,剁成细末;鲤鱼尾刮去鱼鳞,洗净,沥干水分。

2. 锅置火上,加油烧热,先下入蒜末炒出香味,再加入番茄酱、精盐、黑胡椒粉、白糖、酱油、适量清水烧沸。

3. 然后放入鲤鱼尾,转中火烧至汤汁收干,出锅盛入盘中,撒上青蒜丝即可。

养生功效

鲤鱼有促进发育的功效,鲤鱼富含多种氨基酸,其中谷氨酸、甘氨酸、组氨酸最为丰富且很易被人体吸收,很适于生长发育中的儿童和老年人及病后体虚者。

材料

水发海参	500克	料酒	2小匙
大葱	150克	水淀粉	1大匙
八角	1粒	清汤	150克
精盐、味精	各1/2小匙	葱油	1小匙
酱油	2大匙	植物油	适量

葱烧海参

海参 · 咸鲜味 · 40分钟

养生功效

海参能消除疲劳，提高人体免疫力，增强人体抵抗疾病的能力，因此非常适合经常处于疲劳状态的中年女士与男士食用。

做法

1. 水发海参去除内脏，用清水洗净，放入清汤中浸泡30分钟，捞出沥干；大葱去根，取葱白洗净，切成5厘米长的段。

2. 净锅置火上，加入植物油烧至六成热，先放入葱白段煸炒至变色，加入八角炒出香味，再烹入料酒炒匀。

3. 放入水发海参，加入酱油、清汤、精盐、味精，用小火烧至入味，然后用水淀粉勾芡，淋入葱油，即可出锅装盘。

豉香鸡翅

🍗 鸡翅　🍲 豉香味　⏰ 30分钟

材料

鸡中翅 ………… 约500克

蒜末 …………… 10克

精盐、鸡精 … 各1/2小匙

白糖 …………… 2大匙

酱油、料酒 …… 各1大匙

淀粉 …………… 1大匙

豆豉 …………… 3大匙

植物油 …2000克(约耗60克)

做法

1. 鸡中翅洗净,加入酱油、白糖、料酒略腌,再裹匀淀粉;豆豉放入热油锅中,加入白糖炒香,盛出。

2. 锅置火上,加入植物油烧热,下入鸡中翅煎炸至金黄色,捞出沥油。

3. 净锅置火上,加入植物油烧至七成热,先下入蒜末炒出香味。

4. 再加入豆豉、精盐、鸡精炒匀,然后放入鸡中翅煎炒至入味,即可出锅装盘。

芥蓝排骨汤

🍖排骨　🥄咸鲜味　⏱90分钟

材料

猪排骨 ················· 500克
芥蓝 ················· 200克
葱末、姜末 ······ 各10克
蒜末 ················· 10克
精盐 ················· 1小匙
鸡精、白糖 ··· 各1/2小匙
料酒、酱油 ······ 各1大匙
胡椒粉 ················· 少许
高汤 ················· 1500克
植物油 ················· 2大匙

做法

1. 猪排骨用清水洗净，剁成小段，再放入沸水锅中焯烫一下，捞出、冲净。

2. 芥蓝去根，洗净，切成滚刀块，放入加有白糖的沸水中略焯一下，捞出、沥干。

3. 锅中加入植物油烧热，先下入葱末、姜末、蒜末炒香，再放入排骨段炒均匀，烹入料酒，加入酱油炒至上色。

4. 再放入芥蓝块炒匀，添入高汤烧沸，加入精盐、鸡精、胡椒粉煮至入味，即可出锅装碗。

材料

南瓜·················· 500克
鲜百合·················· 100克
青椒、红椒······ 各20克
大葱、姜块········ 各5克

精盐、味精 ··· 各1/2小匙
水淀粉·············· 1大匙
植物油·············· 1大匙

南瓜炒百合

南瓜 · 咸鲜味 · 一〇分钟

养生功效

现代研究发现，南瓜能消除致癌物质亚硝胺的突变作用，有防癌功效，并能帮助肝、肾功能的恢复，增强肝、肾细胞的再生能力。

做法

1. 将南瓜洗净，去皮及瓤，切成长片，再放入沸水锅中焯熟，捞出沥干；百合去根，洗净，用沸水略焯，捞出。

2. 青椒、红椒洗净，去蒂及籽，切成菱形片；大葱择洗干净，切成葱末；姜块去皮，洗净，切成细末。

3. 锅置火上，加入植物油烧至六成热，先下入葱末、姜末炒香，再放入南瓜、百合略炒一下。

4. 然后加入精盐、味精翻炒均匀至入味，再放入青椒、红椒略炒，用水淀粉勾芡，淋入明油，出锅即成。

冬笋烧海参

 海参 · 酸辣味 · 15分钟

材料

水发海参 ············ 200克

水发冬笋 ············ 150克

精盐、白糖 ··· 各1/2小匙

香油 ················ 1/2小匙

酱油、料酒 ····· 各1小匙

水淀粉 ·············· 1小匙

高汤 ················ 3大匙

做法

1. 将水发海参洗涤整理干净,沥去水分,切成长条;冬笋洗净,切成长条片。

2. 坐锅点火,加入高汤烧沸,先下入海参条、冬笋条,用小火略烧片刻。

3. 再加入精盐、白糖、酱油、料酒,继续小火烧至入味,用水淀粉勾芡,淋入香油,即可出锅装碗。

养生功效

海参富含蛋白质、矿物质、维生素等五十多种天然珍贵活性物质,其中酸性粘多糖和软骨素可明显降低心脏组织中脂褐素和皮肤脯氨酸的数量,起到延缓衰老的作用。

豆酱烧牛肉

牛腩肉 咸香味 60分钟

材料

牛腩肉 ················· 300克

油菜心 ················· 200克

胡萝卜、白萝卜 ··· 各50克

鸡精、白糖 ······ 各少许

酱油 ················· 1/2大匙

水淀粉 ················· 1大匙

黄豆酱 ················· 2大匙

植物油 ················· 2大匙

做法

1. 油菜心择洗干净，放入沸水锅中焯熟，捞出沥水，摆入盘中垫底。

2. 胡萝卜、白萝卜分别去皮，洗净，均切成小方块；牛腩肉洗净，切成小块，入锅煮至八分熟，捞出沥水。

3. 锅置火上，加入植物油烧至六成热，先下入黄豆酱炒出香味。

4. 再放入胡萝卜、白萝卜、牛腩肉、鸡精、白糖、酱油、适量清水烧至入味，用水淀粉勾芡，盛在油菜心上即可。

金针菇拌芹菜

🍄 金针菇 🥄 咸鲜味 ⏱ 15分钟

材料

金针菇	250克	精盐、味精	各1/2小匙
嫩芹菜	200克	白糖	1/2小匙
红干椒	10克	植物油	2大匙
花椒	15粒		

做法

1. 金针菇去根，洗净，切成两段，放入沸水锅中焯透，捞出过凉，挤干水分；红干椒洗净，去蒂及籽，切成细丝。

2. 嫩芹菜择洗干净，放入沸水锅中焯煮3分钟，捞出过凉，沥干水分，切成小段。

3. 把嫩芹菜段、金针菇放入容器中，加入精盐、味精、白糖翻拌均匀，码放在盘中。

4. 锅中加油烧热，下入花椒炸香，捞出不用，再关火，放入红干椒炒至酥脆，出锅浇在金针菇上即可。

椒油荷兰豆

荷兰豆 椒香味 15分钟

材料

荷兰豆 ············· 350克
花椒 ·············· 15粒
精盐 ·············· 2小匙
味精 ·············· 1小匙
白糖 ·············· 适量
香油 ·············· 1大匙

做法

1. 将荷兰豆择去两头尖角，洗净，沥水，切成菱形小块；花椒粒洗净，沥干水分。

2. 锅中加入清水，下入荷兰豆焯烫1分钟至熟透，捞出沥水，放入大碗中。

3. 净锅复置火上，加入香油烧至六成热，下入花椒粒，用小火炸至花椒粒颜色变黑，捞出花椒不用。

4. 将花椒油浇在碗内荷兰豆上拌匀，再加入精盐、味精、白糖拌匀，装盘上桌即成。

养生功效

荷兰豆中含有较为丰富的B族维生素和植物蛋白质，能使人头脑宁静，调理消化系统，消除胸膈胀满，可防治急性肠胃炎、呕吐腹泻等。

材料

茼蒿	300克	精盐、味精	各1小匙
鸡胸肉	200克	水淀粉	1大匙
红椒丝	15克	淀粉	适量
鸡蛋清	1个	植物油	600克(约耗50克)
蒜末	15克		

鸡丝蒿子秆

茼蒿 · 咸鲜味 · 20分钟

养生功效

茼蒿中含有特殊香味的挥发油,有助于宽中理气,消食开胃,增加食欲,并且其所含粗纤维有助肠道蠕动,促进排便,达到通腑利肠的目的。

做法

1. 茼蒿洗净,切成段;鸡胸肉洗净、切成丝,加入精盐、淀粉、植物油和蛋清抓匀,腌渍10分钟,然后下入热油中滑透,捞出。

2. 锅中留底油烧至七成热,下入红椒丝、蒜末炒出香辣味,再放入茼蒿秆快速翻炒均匀。

3. 然后加入鸡肉丝、精盐、味精翻炒至入味,再用水淀粉勾芡,淋入明油即成。

鲜虾莼菜汤

🦐大虾 🍲咸鲜味 ⏰20分钟

材料

大虾	200克
莼菜	100克
精盐、白醋	各1小匙
味精	少许
鸡精	1/2小匙
淀粉	3大匙
胡椒粉	2小匙
鸡汤	适量

做法

1. 将大虾去头、去壳、留虾尾，洗净，再从背部开刀，挑除沙线，然后用淀粉拌匀，以木棒敲打，反复数次，直至敲打成薄片为止。

2. 将莼菜择洗干净，放入沸水锅中焯烫至熟透，捞出沥水。

3. 锅中加入鸡汤烧沸，放入虾片略煮，再下入莼菜，待煮至虾片浮起，加入精盐、味精、白醋、鸡精、胡椒粉调味，盛入碗中即可。

什锦藕丁炒虾

大虾　　咸鲜味　　20分钟

材料

大虾 …………… 300克
莲藕 …………… 250克
火腿丁 ………… 100克
豆干丁 ………… 100克
青椒、红椒 …… 各30克
精盐 …………… 1/2小匙
酱油 …………… 1小匙
辣椒酱 ………… 2小匙
植物油 ………… 2大匙
花椒油 ………… 少许

做法

1. 大虾洗净,去头、去壳,挑除沙线,留下尾部;莲藕去皮,洗净,切成小丁;青椒、红椒洗净,去蒂及籽,切成小丁。

2. 炒锅置火上,加入植物油烧至七成热,先放入豆干丁,旺火炒至表面呈微黄色。

3. 再下入莲藕丁、大虾翻炒均匀,然后加入辣椒酱、酱油、精盐翻炒至入味。

4. 最后放入火腿丁、青椒丁、红椒丁快速炒匀,淋上花椒油,出锅装盘即可。

材料

水发海带	600克	八角	2瓣
猪瘦肉	400克	精盐、酱油	各2小匙
葱段	15克	白糖、料酒	各3大匙
姜片	10克	香油	1小匙

海带炖肉

海带　咸鲜味　90分钟

养生功效

海带中碘的含量非常高，干品一般在3%～4%，有的高达6%～7%。因此海带有"含碘冠军"之称，有非常好的抑制癌症功效，是极具发展前途的抗癌食品。

做法

1. 猪瘦肉洗净，切成块；水发海带洗净，放入清水锅中煮10分钟，捞出过凉，切成块。

2. 锅置火上，加入香油、白糖炒成糖色，再放入猪肉块、八角、葱段、姜片煸炒至肉面上色，然后加入酱油、精盐、料酒略炒。

3. 加入适量清水烧沸，转小火炖至八分熟，放入海带块炖至海带入味，出锅装碗即可。

干豆角海带焖肉

🍲 五花肉　☕ 咸香味　⏱ 50分钟

材料

五花肉 ·············· 500克

海带结 ·············· 150克

干豆角 ·············· 100克

葱末姜末 ············ 各5克

红干椒 ·············· 15克

精盐 ··············· 1小匙

酱油 ·············· 1/2大匙

料酒、植物油 ··· 各适量

做法

1. 五花肉洗净，切成厚片，加入少许精盐、酱油、葱末、姜末拌匀，腌20分钟；干豆角泡好，洗净，切成小段；海带结用清水浸泡、洗净。

2. 锅中加油烧热，爆香红干椒、葱末姜末，下入五花肉片炒香，再放入海带结、干豆角炒匀。

3. 加入酱油、料酒、精盐和少许清水烧沸，转小火焖至熟嫩，离火出锅，装盘上桌即可。

养生功效

　　五花肉中的瘦肉含有丰富的蛋白质、维生素B₁和必需的脂肪酸，可为人体提供丰富的营养，经常食用有强身健体、保健长寿的效果。

双菇扒豆苗

🌀 豌豆苗　🍲 酸辣味　⏰ 15分钟

材料

豌豆苗 ⋯⋯⋯⋯⋯ 200克

草菇片 ⋯⋯⋯⋯⋯ 30克

香菇片 ⋯⋯⋯⋯⋯ 30克

银杏 ⋯⋯⋯⋯⋯⋯ 50克

青笋片 ⋯⋯⋯⋯⋯ 30克

胡萝卜片 ⋯⋯⋯⋯ 30克

葱段、姜片 ⋯⋯⋯ 10克

蒜片 ⋯⋯⋯⋯⋯ 各10克

精盐、鸡精 ⋯⋯ 各1小匙

蚝油、酱油 ⋯⋯ 各1大匙

料酒、水淀粉 ⋯ 各少许

香油、植物油 ⋯⋯ 2大匙

做法

1. 将豌豆苗择洗干净，沥去水分，再放入热油锅中炒熟，盛入盘中垫底。

2. 锅置火上，加入植物油烧热，放入草菇片、香菇片、葱段、姜片、蒜片、胡萝卜片煸炒。

3. 再加入精盐、鸡精、蚝油、酱油、料酒及少许清水烧沸。

4. 然后放入银杏、青笋片，小火扒烧几分钟，用水淀粉勾芡，淋入香油，出锅倒在豆苗上，即可上桌食用。

韭菜炒鸡蛋

韭菜 · 咸鲜味 · 一〇分钟

材料

韭菜	150克	精盐	1小匙
鸡蛋	4个	植物油	4大匙
大葱	15克		

做法

1. 鸡蛋磕入碗中，加入少许精盐搅匀成鸡蛋液，再倒入热油锅中炒至定浆，捞出沥油。

2. 韭菜去掉根，择去老叶，用清水洗净，沥水，切成小段；大葱去根和老叶，洗净，切成葱花。

3. 锅中留底油，复置火上烧热，先下入葱花炒出香味，再放入韭菜段翻炒至断生。

4. 然后加入精盐炒至入味，再放入炒好的鸡蛋花炒匀，即可出锅装盘。

豆腐氽菠菜

⊘豆腐 🍜鲜香味 ⏱20分钟

材料

豆腐 ·················· 2块
菠菜 ·················· 250克
海米 ·················· 15克
姜丝 ·················· 20克
精盐 ·················· 1小匙
酱油、植物油 ··· 各适量

做法

1. 将豆腐洗净,切成小薄片;菠菜择洗干净,切成小段,放入沸水锅中焯烫一下,捞出沥水;海米用温水涨发,沥水。

2. 锅中加油烧热,下入豆腐片煎至两面呈金黄色,再加入姜丝、酱油,添入适量清水。

3. 然后放入水发海米和精盐烧沸,最后放入菠菜段,快速烫至变色,即可出锅装碗。

养生功效

豆腐中只含有豆固醇,而不含胆固醇,豆固醇具有抑制人体吸收动物性食品所含胆固醇的作用,因此有助于预防一些心血管系统疾病。

材料

水发蹄筋…………400克　　精盐、鸡精……各1小匙
青笋…………………80克　　白糖、生抽……各1大匙
芝麻…………………少许　　花椒油…………2小匙
葱段…………………10克　　辣椒油、香油…各适量

蹄筋拌青笋

蹄筋　咸鲜味　25分钟

养生功效

蹄筋有强筋壮骨之功效，对腰膝酸软、身体瘦弱者有很好的食疗作用，并且有助于青少年生长发育和减缓中老年妇女骨质疏松的速度。

做法

1. 水发蹄筋洗净，剪去两头，去除杂质，然后下入沸水中焯烫一下，捞出，切成片。

2. 葱段斜切成片，与水发蹄筋、白糖、生抽、味精、鸡精、香油一起放入容器中拌匀。

3. 青笋去皮，洗净，切片，用沸水略焯一下，捞出，加入精盐拌匀，放入盘中。

4. 然后放上水发蹄筋，再淋入辣椒油、花椒油，撒芝麻即成。

豆腐烩时蔬

豆腐　　咸鲜味　　15分钟

材料

豆腐 ······················· 1盒

白萝卜 ···················· 70克

胡萝卜、山药 ··· 各50克

魔芋丝 ···················· 30克

金针菇 ···················· 30克

精盐、生抽 ········· 1小匙

鸡精、白糖 ··· 各1/2小匙

香油 ······················· 2小匙

水淀粉 ················· 1大匙

做法

1. 将胡萝卜、白萝卜、山药分别去皮，洗净，均切丁；豆腐切块；金针菇去根，洗净，切段。

2. 锅置火上，加入香油烧热，先下入豆腐块稍煎一下，再放入胡萝卜丁、白萝卜丁、山药丁、金针菇、魔芋丝煸炒片刻，添入清水烧沸。

3. 转小火烧烩10分钟，加入精盐、白糖、生抽、鸡精搅匀，用水淀粉勾芡，淋入香油即成。

魔芋烧鸭

🦆 鸭肉　🥣 咸鲜味　🐻 60分钟

材料

鸭肉 …………………… 300克
魔芋 …………………… 150克
青蒜 …………………… 30克
姜片、蒜片 ……… 各15克
精盐、花椒粉 … 各1小匙
豆瓣酱 ………………… 2大匙
酱油、料酒 …… 各1大匙
香油 …………………… 少许
高汤 …………………… 300克
植物油 ………………… 3大匙

做法

1. 魔芋洗净,切成小条,放入沸水锅中焯烫一下,捞出沥干;鸭肉洗净,切成大块;青蒜洗净,切成小段。

2. 净锅置火上,加入植物油烧热,先下入姜片、蒜片炒香,再放入鸭肉块炒至微黄。

3. 然后加入精盐、酱油、料酒、豆瓣酱、花椒粉,添入高汤,转小火焖煮20分钟。

4. 再放入魔芋条续煮10分钟,撒入青蒜段炒匀,淋入香油,出锅装盘即可。

材 料

净鱼肉、猪肝 … 各100克		葱丝、姜丝 …… 各5克	
大米 …… 200克		精盐、酱油 …… 各1小匙	
水发干贝 …… 50克		淀粉、姜汁 …… 30克	
水发腐竹 …… 30克		植物油 …… 30克	
枸杞子 …… 10克			

鱼蓉肝粥

大米　咸鲜味　20分钟

养生功效

大米可防过敏性疾病。因为大米所供养的红细胞生命力强，又无异体蛋白进入血流，故能防止一些过敏性皮肤病的发生。

做 法

1. 净鱼肉去皮，切成薄片；猪肝洗净，切成薄片，加入姜汁、淀粉抓匀，腌20分钟；水发干贝撕成丝；水发腐竹切成小段。

2. 将大米洗净，倒入沸水锅中，加入水发干贝丝，用小火煮熟，加上腐竹段、枸杞子，撒入精盐拌匀，下入猪肝片烫熟，离火。

3. 碗中放入鱼肉片，加入酱油和植物油拌匀，再倒入米粥，撒上姜丝、葱丝即成。

虾仁伊府面

全蛋面　🍲鲜香味　⏰30分钟

材料

全蛋面…………… 150克
虾仁……………… 100克
冬菇、青豆 …… 各50克
胡萝卜…………… 30克
葱末、姜末 ……各15克
胡椒粉、精盐 … 各1小匙
味精、白糖 … 各1/2小匙
酱油、料酒 …… 各2大匙
熟猪油…………… 1大匙
高汤……………… 500克

做法

1. 虾仁挑去沙线、洗净；冬菇、胡萝卜均洗净、切片；上述原料和青豆用沸水略焯，捞出。

2. 锅置火上，加入适量清水烧沸，下入全蛋面煮熟，捞出沥水。

3. 锅中加熟猪油烧热，放入葱末、姜末炒香，再加入酱油、料酒、高汤烧沸。

4. 下入虾仁、冬菇、胡萝卜、全蛋面、精盐、味精、白糖、胡椒粉和青豆煮至入味即成。

养生功效

小麦中含有的糖类可以帮助蛋白质和脂肪的代谢，提供人体所需的热量，维持大脑和神经系统的正常运作，刺激人的思维活动，有醒脑、健脑的功效。

盘丝饼

🍳面粉 🥢醇香味 ⏰30分钟

材料

面粉·················· 300克

食用碱·············· 少许

青红丝·············· 少许

精盐················· 1小匙

香油、白糖 ······ 各100克

植物油·············· 3大匙

做法

1. 将面粉放入盆中，加入精盐和适量清水和成面团，略饧一会儿，再揉一次，然后加入食用碱揉匀，再饧约30分钟。

2. 将饧好的面抻成细丝面条，再刷上油，切成10块，每块抻长盘成饼形。

3. 平底锅内加入植物油、香油烧热，放入盘丝饼，用慢火烙熟至两面呈金黄色，取出，撒上白糖、青红丝，即可装盘上桌。

牛肉炒面

🍜 面粉 ⌇ 浓香味 ⏱ 20分钟

材料

面粉	300克	精盐	1小匙
牛肉丝	100克	味精	少许
青、红椒丝	各25克	料酒、酱油	各2小匙
葱丝、姜丝	各10克	肉汤、植物油	各适量

做法

1. 面粉加上清水和精盐和成面团揉匀，擀成大片，折叠后切成面条，入锅煮熟，捞出。

2. 锅中加入植物油烧热，放入葱丝、姜丝炒香，再下入牛肉丝略炒，然后加入料酒炒熟。

3. 再加入肉汤、精盐和酱油，最后放入面条、青、红椒丝炒匀，加入味精，出锅装碗即可。

榴莲杏香枣

🌐 糯米粉　🍲 醇香味　⏰ 30分钟

材料

糯米粉 ·············· 500克

澄面 ··············· 100克

榴莲肉 ·············· 50克

西杏片 ··············· 30克

熟猪油 ·············· 3大匙

植物油 ·············· 2000克

做法

1. 将澄面放容器内，加入适量沸水烫熟，再加入糯米粉、白糖和适量清水调匀，然后加入熟猪油揉匀成糯米面团。

2. 将和好的糯米面团搓成小条，揪成小剂子，按扁后包入少许榴莲肉团成球形，沾匀西杏片。

3. 净锅置旺火上，加入植物油烧至七成热，下入生坯炸至金黄色，捞出沥油，装盘上桌即可。

养生功效

糯米粉能够补养人体正气，吃后会周身发热，起到御寒、滋补的作用，此外糯米还有收涩作用，对尿频、自汗有较好的食疗效果，最适合在冬天食用。

材料

鸡胸肉 ·············· 250克　　姜末 ·············· 10克

大米 ··············· 100克　　精盐、味精 ······ 各适量

猪瘦肉 ·············· 50克　　料酒、香油 ······ 各适量

枸杞子 ·············· 10克　　植物油 ············ 适量

枸杞鸡粥

大米 鲜香味 45分钟

养生功效

大米可防过敏性疾病。因为大米所供养的红细胞生命力强，又无异体蛋白进入血流，故能防止一些过敏性皮肤病的发生。

做法

1. 鸡胸肉、猪瘦肉分别洗净，剁成蓉，加入姜末、料酒拌匀，腌渍片刻；枸杞子和大米淘洗干净。

2. 锅中加油烧至六成热，先下入姜末、鸡肉蓉、猪肉蓉炒出香味，再加入料酒、精盐、枸杞子、大米及适量清水烧沸。

3. 改用小火煮至大米烂熟，然后撒上味精，淋入香油，出锅装碗即成。

风味糊饼

玉米面　咸香味　25分钟

材料

玉米面 …………… 200克

鸡蛋 ………………… 2个

韭菜、西葫芦 … 各50克

净虾皮 …………… 25克

葱花 ……………… 15克

精盐 ……………… 1小匙

鸡精 …………… 1/2小匙

五香粉 …………… 少许

植物油 …………… 2大匙

做法

1. 将玉米面放入容器内,加入精盐、鸡精、五香粉、葱花、少许鸡蛋和温水拌匀成面糊。

2. 将韭菜择洗干净,切成小段;西葫芦洗净,切成细丝,全部放入碗内,加入鸡蛋、虾皮和少许精盐拌匀成馅料。

3. 平底锅置火上烧热,抹上一层植物油,取少许面糊,放入锅内摊成圆形,放入少许馅料,加盖,煎约5分钟至熟香,出锅即成。

Part 2

养心清热 夏季菜

葱油黄鱼

🐟黄鱼　🍵葱香味　⏱30分钟

材料

黄鱼……… 1条(约750克)

葱段、葱丝 ……各15克

姜片、姜丝 …… 各10克

精盐、味精 ……各1小匙

白糖、酱油 ……各1大匙

料酒、胡椒粉 … 各少许

植物油 ………… 适量

做法

1. 黄鱼去鳞、去鳃，用筷子从鱼嘴绞出内脏，洗涤整理干净，在鱼身两侧剞上十字花刀。

2. 坐锅点火，加入清水烧沸，先下入葱段、姜片、黄鱼、料酒煮沸，转小火炖至熟嫩，出锅装盘。

3. 锅中原汤继续加热，放入姜丝、精盐、酱油、白糖、胡椒粉、味精煮匀，浇在黄鱼上，撒上葱丝，淋入热油即可。

材料

活虾爬子 ············ 500克
红椒圈、香菜段 ··· 各少许
香料包 ···················· 1个
(八角、香叶、桂皮、葱、姜
各少许)

姜片、蒜片 ········· 各5克
味精、鸡精 ······ 各1小匙
白糖 ···················· 4小匙
高度白酒 ············· 100克
酱油 ···················· 150克

酒卤虾爬子

🌐 虾爬子 🍴 酒香味 ⏲ 12小时

养生功效

虾爬子中含有丰富的
蛋白质,可以促进人体成长
发育,并且有滋补身体以及
美容、美肤的功效。

做法

1. 虾爬子放入清水盆内,滴入几滴高度白酒静养,使虾爬子吐净泥沙,捞出冲净。

2. 坐锅点火,加入适量清水,先放入香料包,加入酱油、味精、白糖、鸡精烧沸。

3. 撇去汤汁表面的浮沫和杂质,离火,待晾凉后,加入高度白酒调拌均匀,制成卤汁。

4. 将虾爬子放入卤汁中卤10小时,捞出装盘,用原汁浸没,撒上香菜段、姜片、蒜片、红椒圈即可。

酱油泡萝卜皮

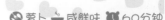
萝卜 · 咸鲜味 · 60分钟

材料

心里美萝卜皮 …… 400克

精盐 ………………… 1小匙

海鲜酱油 ………… 2大匙

味精、白糖 …… 各少许

辣椒油 …………… 1大匙

香油、芥末油 … 各2小匙

做法

1. 将心里美萝卜皮洗净，切成菱形小块，放入大瓷碗中，加入精盐拌匀，腌渍30分钟，取出沥水。

2. 将辣椒油、香油、海鲜酱油、芥末油放入小碗中，加入味精和白糖调匀成味汁。

3. 再放入腌渍好的心里美萝卜皮块拌匀，继续腌约10分钟，装益上桌即可。

养生功效

萝卜中含有的矿物质，对正在生长发育中的儿童也有诸多益处；萝卜中含丰富的维生素C和微量元素锌，有助于增强机体的免疫功能，提高抗病能力。

萝卜水晶卷

🥗 萝卜　🍲 酸甜味　⏰ 6小时

材料

白萝卜 ················ 300克

胡萝卜 ················ 75克

青尖椒 ················ 50克

红尖椒 ················ 50克

辣椒仔 ················ 50克

白糖 ················· 200克

白醋 ················· 100克

做法

1. 白萝卜去皮，洗净，切成薄片；胡萝卜和青、红尖椒洗净，切成丝，用沸水烫熟，捞出。

2. 用萝卜片卷起适量胡萝卜和青、红尖椒混合的丝，卷成菜卷，再用棉绳捆牢。

3. 坐锅点火，加入适量清水，放入辣椒仔、白糖、白醋烧沸，然后关火晾凉成味汁。

4. 将卷好的菜卷放入味汁中腌泡约5小时，捞出后切成马蹄状，再放入盘内造型即可。

海带鸭舌汤

鸭舌 ● 咸鲜味 ● 90分钟

材料

鸭舌 …………………… 300克
水发海带 ………… 100克
花椒、姜片 …… 各10克
精盐、白糖 …… 各1小匙

料酒 …………………… 1大匙
香油、植物油 … 各少许
鸭清汤 …………………… 500克

做法

1. 水发海带切成细丝；鸭舌洗净，放入清水锅中煮熟，捞出、晾凉，抽去舌中软骨，再用沸水略焯，捞出、冲净。

2. 把鸭舌装入碗中，加入鸭清汤、精盐、白糖、料酒和香油拌匀，放入蒸锅中蒸5分钟，取出。

3. 锅中加油烧热，下入花椒、姜片炒香，滗入鸭舌原汤烧沸，放入海带丝煮至入味，捞出，放汤碗内垫底，摆上蒸好的鸭舌。

4. 锅中加入适量鸭清汤烧沸，顺碗边倒入盛有鸭舌的汤碗中即可。

家味鸡里蹦

🍲鸡胸肉　🥣咸鲜味　⏰20分钟

材料

鸡胸肉 …………… 300克

鲜虾 …………… 50克

玉米粒 …………… 20克

青豆、胡萝卜丁 …… 各15克

鸡蛋清 …………… 1个

葱末、姜末 …… 各少许

精盐、鸡精 …… 各1小匙

料酒 …………… 1大匙

水淀粉 …………… 2大匙

植物油 …………… 3大匙

做法

1. 将鲜虾去壳，挑除沙线，洗净；玉米粒、青豆、胡萝卜放入沸水锅中焯烫一下，捞出沥干。

2. 将鸡肉洗净，切成小丁，加入蛋清、水淀粉拌匀上浆；精盐、料酒、水淀粉、鸡精调拌均匀成味汁。

3. 锅中加入植物油烧热，先下入葱末、姜末炒出香味，再放入鸡丁略炒一下。

4. 然后加入虾仁、玉米粒、青豆、胡萝卜丁炒至熟嫩，再烹入味汁翻炒至入味，即可出锅。

养生功效

　　鸡胸肉中含有丰富的B族维生素，具有恢复疲劳、保护皮肤的作用，对体弱疲倦、失眠、胃肠不适以及口腔炎症者有非常好的食疗效果。

材料

猪尾……………… 1000克
香料包……………… 1个
(八角2粒,小茴香10克,陈皮、草果、香叶各3克,肉蔻8克,葱段25克,姜片10克)

精盐、白糖 ……… 各2大匙
味精……………… 1小匙
酱油、糖色 ……… 各3大匙
老汤……………… 1500克

酱香猪尾

猪尾 ● 酱香味 ● 2小时

做法

1. 把猪尾去净绒毛,用清水漂洗干净,剁成两半,放入沸水中略焯一下,捞出,冲洗干净。

2. 坐锅点火,加入老汤,先下入香料包烧沸,再加入糖色、酱油、精盐、白糖、味精煮匀,调成酱汤。

3. 将猪尾放入酱汤中,用小火烧沸后关火,间隔10分钟后再次烧开、关火,如此反复3次。

4. 待猪尾熟香入味后,捞出猪尾、晾凉,切成小段,码放在盘内,淋上少许酱汤即可。

金丝裹脆丸

🌍 土豆　🍚 咸香味　⏰ 30分钟

材料

土豆·············· 250克

猪肉末·············· 150克

豆腐·············· 100克

鸡蛋清·············· 2个

葱末、姜末 ····· 各10克

精盐、鸡精 ····· 各1大匙

卡奇夫妙酱 ······· 1小匙

料酒 ············· 1小匙

淀粉、植物油 ··· 各适量

做法

1. 猪肉末、豆腐加入精盐、料酒、葱末姜末、鸡精、蛋清、淀粉拌成馅料；土豆去皮，切成丝。

2. 净锅置火上，加油烧热，先下入土豆丝炸至金黄色，捞出沥油。

3. 馅料挤成丸子，下入油锅内炸至外酥里嫩呈金黄色，捞出，先蘸匀卡奇夫妙酱，再滚上一层炸好的土豆丝，摆入盘中，上桌即成。

蜇皮黄瓜

🥒 黄瓜　🍵 咸鲜味　⏰ 60分钟

材料

黄瓜 …………………… 350克

水发海蜇皮 ………… 100克

姜末 …………………… 15克

精盐 …………………… 1小匙

味精 …………………… 1/2小匙

花椒油 ………………… 1/2小匙

米醋、白糖 …… 各1/2大匙

香油 …………………… 少许

做法

1. 黄瓜洗净,去皮,切成小段,去除瓜瓤,切成丝,加入精盐拌匀,腌渍20分钟,捞出冲净,沥干水分。

2. 把水发海蜇皮放入冷水中发透,再换水洗去泥沙,卷成卷,切成细丝。

3. 把海蜇丝装入容器中,加入沸水浸泡30分钟(去除多余盐分),捞出冲净,沥干水分。

4. 黄瓜丝、海蜇丝放入大碗中,加入姜末、花椒油、香油、味精、白糖、米醋拌匀,装盘即可。

①

②

③

材料

莲藕················ 350克   橙汁················ 3大匙

柠檬汁·············· 2大匙   白糖················ 1大匙

橙汁藕片

莲藕 · 酸甜味 · 30分钟

养生功效

莲藕能散发出一种独特清香，还含有鞣质，有非常好的健脾止泻作用，能增进食欲、促消化、开胃健中，有益于胃纳不佳、食欲不振者恢复健康。

做法

1. 将莲藕去掉藕节、藕根，用清水洗净，削去外皮，再切成3毫米厚的薄片。

2. 净锅置火上，加入清水烧沸，倒入莲藕片焯烫2分钟，捞出、过凉，沥干水分。

3. 将莲藕片放入容器中，加入柠檬汁、橙汁、白糖搅拌均匀，腌渍20分钟，即可装盘上桌。

贝尖拌双瓜

🥒黄瓜 🍜咸鲜味 🐻20分钟

材料

黄瓜·················200克
贝尖·················150克
苦瓜·················20克
姜末、蒜蓉·······各10克
精盐、香油·······各1小匙
米醋·················2小匙

做法

1. 将贝尖放入温水中,反复漂洗,去除咸涩味,捞出贝尖,沥净水分。

2. 苦瓜洗净、去瓤,切成菱形块,再用沸水略焯,捞出过凉,沥干水分;黄瓜洗净、去瓤,切成块,用精盐略腌,捞出冲净,沥干水分。

3. 将贝尖、苦瓜块、黄瓜块放入盘中,加入姜末、蒜蓉、精盐、米醋、香油拌匀即可。

养生功效

黄瓜头的苦味中含有葫芦素C的物质,具有提高人体免疫功能的作用,可达到抗肿瘤的目的。此外葫芦素C还可治疗慢性肝炎。

芥末北极贝

🌐 北极贝　🍲 芥末味　🐻 15分钟

材料

北极贝 ……………… 300克

芥末膏 ……………… 2小匙

精盐、味精 …… 各1小匙

香油 ……………… 1小匙

大红浙醋 ………… 适量

做法

1. 将北极贝放入清水中解冻至软,捞出沥水,从侧面对剖成两半,去除内部杂质,洗净后放入盘中。

2. 将精盐、味精、芥末膏、香油、大红浙醋放大碗内,充分调拌均匀成味汁。

3. 再倒入装有北极贝的盘中,调拌均匀至入味,即可上桌食用。

黄瓜拌干豆腐

干豆腐 · 咸鲜味 · 20分钟

材料

干豆腐	200克	葱丝	15克
黄瓜	150克	精盐、米醋	各1小匙
红辣椒	20克	味精、白糖	各1/2小匙
香菜段	10克	酱油、香油	各2小匙

做法

1. 干豆腐洗净，切成细丝，放入清水锅中烧沸，焯煮3分钟，捞出、沥干。

2. 红辣椒洗净，去蒂及籽，切成细丝，放入沸水锅中略焯，捞出过凉，沥干水分。

3. 黄瓜洗净，切成细丝，放在容器内，加入干豆腐丝、红辣椒丝、葱丝、香菜段拌匀。

4. 再加入用香油、酱油、米醋、精盐、味精、白糖调好的味汁拌匀，装盘上桌即可。

多味小番茄

🍅番茄　🥣香甜味　⏰24小时

材料

樱桃番茄…………… 1000克

芹菜、香菜 …… 各50克

精盐…………… 2大匙

味精…………… 1小匙

白糖…………… 4小匙

辣椒粉、辣根 … 各1大匙

丁香粉…………… 少许

香叶粉…………… 少许

果酸(或白醋) …… 3大匙

做法

1. 樱桃番茄去蒂，洗净，放入沸水锅中焯烫1分钟，捞出投凉，沥干水分；香菜、芹菜洗净，切成碎末。

2. 将香菜、芹菜末、辣椒粉、丁香粉、香叶粉一起倒入锅内，加入1500克清水、白糖、精盐、果酸、味精、辣根烧沸，再转小火煮30分钟，倒出过滤，晾凉成味汁。

3. 将樱桃番茄装入坛内，倒入调好的味汁，置于阴凉处，腌渍24小时即可。

养生功效

番茄中含有的番茄红素是一种使番茄变红的天然色素，它在人体内的作用和胡萝卜素类似，是一种较强的抗氧化剂，可在一定程度上具有预防心血管疾病和部分癌症的作用。

材料

鸭肝	500克	八角	2个
葱段	30克	香叶、桂皮	各5克
姜片	15克	精盐、味精	各1小匙
花椒	10粒	料酒	2大匙

盐水鸭肝

鸭肝 ● 咸香味 ● 4个小时

养生功效

鸭肝中含有丰富的铁元素，铁元素是产生红血球必需的元素，人体一旦缺乏便会感觉疲倦，面色青白，因此适量进食鸭肝可以使皮肤红润。

做法

1. 鸭肝放入清水中浸泡1小时，去除血水，冲洗干净，再下入沸水锅中焯煮5分钟，捞出沥干。

2. 锅中加入适量清水，先放入精盐、味精、花椒、八角、葱段、姜片、料酒、香叶、桂皮烧沸。

3. 再下入鸭肝，转小火煮至可用竹扦轻轻扎透，并从破口处冒出不带血色的水时，立即捞出。

4. 再将煮好的鸭肝浸泡在凉透的盐水中，食用时捞出，切成大小均匀的片，装盘上桌即可。

炝拌猪腰

🍳猪腰 🍲咸鲜味 ⏰20分钟

材料

猪腰·················· 400克

白菜帮·············· 100克

红椒··················· 30克

葱段、姜片、蒜泥···各15克

精盐、香醋 ······ 各2小匙

味精·················· 1小匙

料酒·················· 1大匙

美极鲜酱油 ········· 1大匙

辣椒油、葱油 ··· 各适量

做法

1. 猪腰去腰臊，洗净，切成条；白菜帮洗净，先切成段，再顺切成条；红椒切成椒圈。

2. 锅中加入清水、葱段、姜片、料酒烧沸，放入猪腰条焯去血水，捞出冲凉，沥去水分。

3. 猪腰条、白菜条、红椒圈放入碗中，加入蒜泥、精盐、香醋、味精、美极鲜酱油拌匀，淋上烧热的辣椒油和葱油拌至入味即成。

苦瓜炒鸡蛋

苦瓜　咸鲜味　10分钟

材料

苦瓜 ················· 350克
鸡蛋 ········· 5个(约200克)
葱花 ················· 10克
姜丝 ················· 5克
精盐 ················· 1小匙
味精、鸡精 ··· 各1/2小匙
白糖 ················· 1/2大匙
植物油 ············· 4大匙

做法

1. 苦瓜洗净，去皮及瓤，切成大片，下入加有少许精盐和植物油的沸水锅中略焯，捞出、过凉。

2. 鸡蛋磕入大碗中搅散，再倒入热油锅中炒成鸡蛋花，盛出、沥油。

3. 锅中留底油烧热，先下入葱花、姜丝炒出香味，再放入苦瓜片略炒，然后加入精盐、味精、白糖、鸡精炒至入味，再放入鸡蛋花翻炒均匀，即可出锅装盘。

材料

鸡翅尖	500克	姜片	5克
香料包	1个	精盐	1小匙
(花椒、八角、桂皮、香叶、		鸡精	1/2小匙
丁香各少许)		料酒	2小匙
葱段	15克	卤水	500克

酱香鸡翅尖

🌏 鸡翅 🍲 酱香味 ⏱ 40分钟

养生功效

鸡翅中含有丰富的骨胶原蛋白,具有强化血管、肌肉、肌腱的功能,对营养不良、畏寒怕冷、乏力疲劳、月经不调、贫血、虚弱等有很好的食疗作用。

做法

1. 把鸡翅尖去掉残毛,先用清水洗净,再放入沸水锅中焯煮2分钟,捞出,用冷水过凉,沥干水分。

2. 净锅置火上,加入卤水和适量清水,先放入精盐、鸡精、料酒、葱段、姜片和香料包烧沸。

3. 再转小火续煮15分钟,然后下入鸡翅尖酱卤约15分钟至熟,即可出锅装盘。

沙茶熘双鱿

 鱿鱼 咸鲜味 20分钟

材料

水发鱿鱼、鲜鱿鱼 … 各1条
芹菜……………… 200克
红辣椒……………… 2根
鸡精……………… 1小匙
沙茶酱……………… 3大匙
水淀粉……………… 1大匙
香油……………… 1/2小匙
植物油……………… 2大匙

做法

1. 两种鱿鱼去内脏及外膜，洗涤整理干净，先剞上交叉花刀，再切成大块。

2. 然后放入沸水锅中焯至卷曲，捞出冲净；芹菜、红辣椒洗净，切成小段。

3. 锅中加入底油烧热，先下入芹菜、红辣椒略炒一下，再加入鸡精、沙茶酱、鱿鱼块翻炒至熟，然后用水淀粉勾芡，淋入香油，即可出锅装盘。

养生功效

经研究发现，经常食用鱿鱼以及鱿鱼干，有延缓身体衰老、补虚泽肤的作用，还能补充脑力、预防老年痴呆症等，对容易罹患心血管方面疾病的中老年人是特别有益和健康的。

酱香苦瓜

🕐 苦瓜 🍵 酱香味 ⏰ 7天

材料

苦瓜 ·············· 1000克

甜面酱 ·············· 250克

精盐 ·············· 3大匙

花椒粉 ·············· 2大匙

五香粉 ·············· 1大匙

红糖 ·············· 适量

做法

1. 将苦瓜洗净,切成两瓣,去掉瓜瓤,装入小坛内,一层苦瓜撒上一层精盐,腌渍3天。

2. 将腌苦瓜取出,用清水漂洗干净,晾干表面,剞上花刀,切成小块,沥净水分。

3. 将甜面酱装入小坛内,加上花椒粉、五香粉、红糖调拌均匀。

4. 放入苦瓜块,盖上坛盖,置于阴凉处酱腌约4天,食用时取出,装盘上桌即可。

鲜莲银耳汤

银耳 · 咸鲜味 · 20分钟

材料

干银耳	50克	白糖	1/2小匙
鲜莲子	10粒	料酒	少许
精盐	2小匙	鸡汤	500克
味精	1小匙		

做法

1. 把干银耳放入温水中浸泡，使其充分涨发，再去掉银耳蒂、洗净，撕成小朵。

2. 把银耳放入小碗中，加入少许鸡汤，入锅蒸10分钟至熟透，取出。

3. 莲子去皮，切去两端，捅去莲心，放入沸水锅中焯透，捞出、沥干，与银耳一同放入大碗中。

4. 锅置火上，加入鸡汤烧沸，放入料酒、精盐、白糖、味精调匀，出锅倒入莲子、银耳碗中即可。

卤水手抓虾

🦐大虾　🥣鲜香味　⏰25分钟

材料

大虾……………… 750克

红干椒…………… 15克

八角、花椒 ………各15克

葱段、姜片 …… 各10克

蒜瓣……………… 10克

香叶、陈皮 ………各5克

草果……………… 2克

白糖、味精、豆酱…各2小匙

高汤、植物油 … 各适量

做法

1. 大虾剪去虾枪、虾尾，从背部片开，去沙线，洗净，放入热油锅中炸至金黄，捞出。

2. 锅中留底油烧热，下入红干椒、八角、花椒、葱段、姜片、蒜瓣、香叶、陈皮、草果炒香。

3. 再加入白糖、味精、豆酱、高汤烧成卤汁，放入大虾，小火卤至入味，装盘上桌即成。

养生功效

海虾中不但含有丰富的蛋白质、脂肪、微量元素（磷、锌、钙、铁等）和氨基酸等对人体有益的物质，还含有大量的激素，尤其适合男性食用，被誉为补肾佳品。

材料

鲜活海参 ………… 500克
干荷叶 ………… 1张
精盐 ………… 2大匙
味精 ………… 1小匙
胡椒粉 ………… 少许
葱伴侣酱 ………… 3大匙

荷香蒸海参

海参 · 咸鲜味 · 60分钟

养生功效

海参中富含五十多种天然珍贵活性物质，其中酸性粘多糖和软骨素可明显降低心脏组织中脂褐素和皮肤脯氨酸的数量，起到延缓衰老的作用。

做法

1. 海参从腹部剖开，去内脏、洗净，放入清水锅中略焯，捞出沥干，放入碗中，加入精盐、味精、胡椒粉腌渍入味，取出冲净。

2. 净锅置火上，加入清水烧沸，放入海参，用中火煮约30分钟，捞出海参，用冷水过凉，再沥净水分。

3. 把干荷叶放入清水中泡透，铺入笼屉中，再放上海参，入锅蒸至熟透，取出装盘，配葱伴侣酱蘸食即可。

熏鸡肚串

🌐 鸡小肚　🥣 香熏味　⏱ 25分钟

材料

鸡小肚(嗉囊) … 1000克

葱段 …………… 20克

姜片 …………… 10克

白糖 …………… 2大匙

香油 …………… 适量

红卤汁 ………… 2000克

五香料包 ……… 1个

(花椒、八角、桂皮、丁香、

小茴香各少许)

做法

1. 鸡小肚用温水浸泡，刮洗干净，再放入清水锅中焯透，捞出沥干，用竹扦穿成串。

2. 锅中加入红卤汁，放入葱段、姜片、香料包烧沸，再放入鸡小肚串煮熟，捞出沥干。

3. 熏锅置火上，撒入白糖，放入箅子，再放上鸡肚串熏2分钟，取出，刷上香油，装盘上桌即成。

草菇小炒

草菇 咸鲜味 15分钟

材料

鲜草菇 ······· 250克
白菜 ········· 200克
水发木耳 ······· 100克
黄瓜、芹菜 ····· 各50克
胡萝卜 ········· 30克
蒜末 ·········· 10克
精盐、冰糖 ····· 各2小匙
味精 ·········· 1小匙
植物油 ········· 1大匙

做法

1. 鲜草菇去根，洗净，切成两半；水发木耳去蒂，洗净，撕成小朵。

2. 白菜洗净，片成大片；黄瓜、胡萝卜分别洗净，均切成薄片；芹菜择洗干净，切成小粒。

3. 锅中加入植物油烧热，先下入蒜末炒香，再放入白菜片、黄瓜片、木耳、胡萝卜片和草菇略炒。

4. 然后加入精盐、味精和冰糖，用旺火炒至入味，再撒入芹菜粒炒匀，出锅装盘即成。

材料

南瓜 ················ 500克
青椒 ················ 100克
葱花、姜末 ······· 各15克
精盐、味精 ······ 各1小匙
水淀粉 ·············· 2大匙
米汤 ··············· 100克
香油、植物油 ··· 各适量

米汤炒南瓜

🥄 南瓜 | 咸鲜味 | 🕐 25分钟

养生功效

南瓜中含有果胶成分,可以很好地保护胃肠道黏膜,免受粗糙食品刺激,促进溃疡愈合,促进胆汁分泌,加强胃肠蠕动,帮助食物消化,适于胃病患者食用。

做法

1. 将南瓜洗净,去皮及瓤,切成5厘米长的粗条;青椒洗净,去蒂及籽,切成细丝;大葱择洗干净,切成葱花。

2. 炒锅置旺火上,加入植物油烧热,先下入葱花、姜末炒出香味,再放入南瓜条翻炒至软。

3. 然后加入青椒丝、米汤、精盐、味精,中小火炒至南瓜软烂入味,再用水淀粉勾芡,淋入香油,即可出锅装碗。

醋烧肉排

排骨 甜酸味 60分钟

材料

猪排骨 …………… 500克
莲藕 ……………… 200克
青椒片 …………… 25克
红椒片 …………… 25克
葱段、姜片 ……… 各5克
精盐 ……………… 2小匙
白糖、料酒 ……… 各1大匙
酱油、米醋 ……… 各2大匙
香油、植物油 … 各适量

做法

1. 猪排骨洗净,剁成段,加入精盐、酱油拌匀略腌;莲藕去皮、去藕节,洗净,切成排骨块。

2. 锅中加入植物油烧至七成热,下入排骨段炸至金黄色,捞出沥油。

3. 锅留底油烧热,下入葱段、姜片爆香,加入料酒、排骨、精盐、白糖、米醋、清水,小火烧40分钟。

4. 再放入藕块烧10分钟,放入青椒片、红椒片,淋入香油,即可出锅装盘。

养生功效

对于肾虚腰酸痛,梦遗滑精,夜多小便,神经衰弱,夜睡梦多,大便溏稀等症,可用洗净的排骨,配以鲜莲子一起制作成汤羹食用,有比较好的补脾、固肾的效果。

豆豉蒸小鱼

🐟白鱼 🍲豉香味 ⏰15分钟

材料

小白鱼 ······················ 6条

葱花 ····················· 15克

辣椒末 ················· 10克

姜末、蒜末 ········ 各5克

胡椒粉 ·················· 少许

白糖 ····················· 1小匙

豆豉、酱油 ······ 各2大匙

料酒、植物油 ··· 各1大匙

做法

1. 将小白鱼洗涤整理干净，码放入盘中；豆豉剁碎，撒在小白鱼上。

2. 再加入姜末、蒜末、辣椒末、胡椒粉、白糖、酱油、料酒腌渍入味。

3. 蒸锅置火上，加入清水烧沸，放入小白鱼蒸约10分钟至熟，取出。

4. 撒上适量葱花，淋上烧至八成热的植物油，即可上桌食用。

蛋黄焗南瓜

南瓜 · 咸鲜味 · 20分钟

材料

小南瓜 …… 1个(约500克)   鸡精 ………… 1/2小匙

咸鸭蛋黄 ………… 4个   料酒 ………… 1小匙

葱段 ………… 10克   植物油 ………… 2大匙

精盐 ………… 2小匙

做法

1. 将咸鸭蛋黄放入小碗中,加入料酒调匀,再放入蒸锅中蒸约8分钟,取出后趁热用手勺碾碎,呈细糊状。

2. 将小南瓜洗净,去蒂,削去外皮,切开后去掉瓜瓤,再用淡盐水洗净,沥水,先切成片,再切成小条。

3. 锅中加入植物油烧热,先下入葱段炒出香味,再放入南瓜条煸炒2分钟至熟(边角发软)。

4. 然后倒入蒸好的咸鸭蛋黄,再加入精盐、鸡精翻炒均匀,即可出锅装盘。

肉片炒莲藕

🍲 莲藕 🍜 咸鲜味 ⏰ 10分钟

材料

莲藕……………… 500克

猪肉……………… 100克

红椒片 …………… 25克

葱花……………… 15克

精盐、酱油 …… 各1小匙

水淀粉…………… 1大匙

植物油…………… 3大匙

做法

1. 将莲藕洗净,去皮、去藕节,切成薄片;猪肉洗净,切成薄片,用酱油、水淀粉拌匀上浆;红辣椒洗净,去蒂及籽,切成三角片。

2. 炒锅置火上,加油烧热,先下入猪肉片炒至变色,再放入葱花、红辣椒炒出香味。

3. 然后加入莲藕片,旺火快速翻炒,再放入精盐炒匀,即可出锅装盘。

养生功效

莲藕散发出一种独特清香,还含有鞣质,有非常好的健脾止泻作用,能增进食欲,促进消化,开胃健中,有益于胃纳不佳,食欲不振者恢复健康。

材料

地瓜干	200克	精盐	1小匙
荷兰豆	150克	胡椒粉	少许
葡萄干	20克	高汤	1200克

瓜干煮荷兰豆

🍲 荷兰豆～咸鲜味 ⏱ 20分钟

养生功效

荷兰豆与一般蔬菜有所不同，其所含的赤霉素和植物凝素等物质，具有抗菌消炎，增强新陈代谢的功能，有清肠的功效。

做法

1. 将地瓜干放入清水中浸泡至回软，再捞出沥干，切成小条。

2. 将荷兰豆择洗干净，切去两端，大的一切两半；葡萄干用清水洗净。

3. 锅中加入高汤烧沸，下入地瓜干、葡萄干煮约10分钟，再加入荷兰豆煮至熟透。

4. 撇去浮沫，然后放入精盐、胡椒粉调好口味，即可出锅装碗。

香煎带鱼

🐟 带鱼　🍲 咸香味　🐻 25分钟

材料

带鱼 …………… 1条
姜片 …………… 适量
精盐 …………… 1小匙
五香粉 ………… 少许
植物油 ………… 3大匙

做法

1. 将带鱼去头、去尾，除去内脏，洗净，先在鱼身两侧剞上一字花刀，再剁成段，加入精盐和五香粉拌匀，腌10分钟。

2. 锅置火上，加入植物油烧至七成热，先下入姜片爆炒出香味。

3. 再放入带鱼段，用小火煎至两面呈金黄色时，取出沥油，装盘上桌即可。

木瓜排骨煲鸡爪

🐔 鸡爪　🥢 咸鲜味　⏰ 90分钟

材料

鸡爪 ························ 6只
猪排骨 ···················· 300克
木瓜 ······················ 250克
姜片 ······················ 5克
精盐、味精 ··········· 各1大匙
鲜汤 ······················ 500克

做法

1. 木瓜洗净，去皮及瓤，切成大块；猪排骨洗净，剁成小段，放入沸水锅中略焯，捞出沥干。

2. 鸡爪洗净，放入温水中浸泡，再剁去爪尖，撕去老皮，用沸水焯烫一下，捞出、冲净。

3. 砂锅上火，加入鲜汤及适量清水，先下入木瓜块、鸡爪、排骨段、姜片旺火烧沸，撇去浮沫。

4. 转中火煲约1小时至肉熟、汤浓，然后放入精盐、味精煮至入味，关火上桌即可。

材料

猪心 ················· 500克
料包 ·················· 1个
（葱段、姜块各20克，小茴
香10克，肉蔻8克，陈皮、草
果、香叶各3克，八角2粒）

精盐、白糖 ······ 各1大匙
味精 ················· 1小匙
酱油 ················· 2大匙
老汤 ················· 1000克

酱香猪心

猪心 ～ 酱香味 ⏱ 60分钟

养生功效

许多心脏疾患与心肌的活动力正常与否有着密切的关系，猪心虽不能完全改善心脏器质性病变，但可以增强心肌营养，有利于功能性或神经性心脏疾病的痊愈。

做法

1. 将猪心切开，去净血块，洗净，放入清水锅中烧沸，焯烫一下，捞出沥水。

2. 锅中加入白糖、少许清水，用小火熬至暗红，再加入500克清水煮沸，晾凉成糖色。

3. 锅中加入老汤、料包烧沸，再加入糖色、酱油、精盐、味精煮匀成酱汤。

4. 然后放入猪心烧沸，转小火酱约50分钟，关火后闷20分钟至入味，捞出切片即成。

双冬焖面筋

🍄 香菇　🍲 咸鲜味　⏰ 20分钟

材料

面筋、菜心 …… 各100克
水发冬菇 ………… 50克
净春笋 ………… 30克
胡萝卜 ………… 20克
精盐 ………… 1小匙
蚝油、酱油 … 各1/2大匙
鸡精 ………… 1/2小匙
清汤 ………… 适量
植物油 ………… 1大匙

做法

1. 面筋放入清水锅内煮5分钟,捞出;水发冬菇、春笋、胡萝卜分别收拾干净,均切成片。

2. 将菜心洗净,放入沸水锅内,加入少许精盐焯烫一下,捞出沥水,放在盘内围边。

3. 锅中加油烧热,加入面筋、冬菇、春笋、胡萝卜炒香,放入清汤、精盐、蚝油、酱油、鸡精,用小火焖至入味,出锅放在菜心上即成。

养生功效

香菇中含有嘌呤、胆碱、酪氨酸、氧化酶以及某些核酸物质,能起到降血压、降胆固醇、降血脂的作用,又可预防动脉硬化、肝硬化等疾病。

蚝油牛脊肉

🥩牛脊肉 🍲咸鲜味 ⏰25分钟

材料

牛里脊肉 ………… 400克

油菜 ……………… 150克

红椒块 …………… 20克

蒜瓣（拍碎）…… 15克

精盐 ……………… 1小匙

白糖、胡椒粉 … 各少许

酱油 ……………… 2小匙

蚝油 ……………… 1大匙

水淀粉 …………… 适量

植物油 …………… 1000克

做法

1. 牛里脊肉洗净，切成片，加入少许精盐、酱油、水淀粉拌匀，腌10分钟，再放入热油锅中滑油，捞出。

2. 油菜洗净，放入沸水锅中，加入少许植物油和精盐焯烫至熟，捞出沥水。

3. 锅中加底油烧热，下入蒜瓣爆香，再放入牛肉片、红椒块稍炒，放上油菜心，加入酱油、蚝油、白糖、胡椒粉，小火扒烧入味即成。

拔丝薯球

土豆 ● 香甜味 ● 20分钟

材料

土豆 ·················· 350克　　白糖 ·················· 125克

面粉 ·················· 60克　　植物油 ···800克(约耗100克)

熟黑芝麻 ·········· 50克

做法

1. 土豆去皮、洗净，切成大块，再放入蒸锅中蒸熟，取出后捣成细泥，加入50克面粉搅匀，揪成大小均匀的剂子。

2. 熟黑芝麻、白糖和面粉放入容器中拌匀成馅心，用土豆泥剂子包上，封口捏严，团成小圆球。

3. 净锅置火上，加入植物油烧至五成热，下入土豆球炸至表面略硬、呈金黄色时，捞出沥油。

4. 另起锅，放入白糖炒至金黄、冒小泡时，倒入土豆球快速颠均匀，出锅盛在抹油的盘中即可。

空心扒什锦

🍳 鸡胸肉　🥣 咸鲜味　⏰ 20分钟

材料

鸡胸肉 ················· 250克
空心菜 ················· 200克
嫩玉米棒 ··············· 25克
茭笋 ···················· 25克
葱花、姜末 ·········· 各15克
精盐、酱油 ········· 各2小匙
料酒、白糖 ········· 各1大匙
水淀粉、植物油 ··· 各适量

做法

1. 鸡胸肉洗净，切成小块，加入精盐、酱油、料酒腌5分钟；玉米棒煮好，切成条；茭笋洗净，切成小条；空心菜洗净，用沸水焯熟，出锅装盘。

2. 锅上火烧热，加入植物油烧至六成热，下入葱花、姜末、鸡肉块煸炒至变色。

3. 加入玉米条、茭笋、酱油、料酒、白糖扒烧至入味，用水淀粉勾芡，出锅放空心菜上即可。

养生功效

鸡胸肉中含有丰富的B族维生素，具有恢复疲劳、保护皮肤的作用，对体弱疲倦、失眠、胃肠不适以及口腔炎症者有非常好的食疗效果。

材料

木瓜 …………………… 2个
姜块 …………………… 15克
鲜牛奶 ………………… 500克

白糖 …………………… 150克
蜂蜜 …………………… 1小匙
水淀粉 ………………… 2大匙

奶香木瓜羹

木瓜 ~ 香甜味 ~ 15分钟

做法

1. 将木瓜洗净,去皮、去籽,切成细丝;姜块去皮,洗净,切成丝。

2. 净锅置火上,加入适量清水,放入木瓜丝、蜂蜜、姜丝、白糖熬煮至木瓜丝熟烂。

3. 再加入鲜牛奶调拌均匀,用水淀粉勾芡,撇去浮沫,继续稍煮至汤汁微沸,离火出锅装碗,即可上桌食用。

粉丝蒸扇贝

◉扇贝 🍲咸鲜味 ⏰15分钟

材料

扇贝 ……………	10只
粉丝 ……………	25克
红椒末 …………	20克
葱末、姜末 ……各15克	
蒜末 ……………	15克
精盐、酱油 …… 各1小匙	
料酒、香油 … 各1/2小匙	
植物油 …………	3大匙

做法

1. 将扇贝肉从壳中取出，除去内脏，洗净，表面剞上花刀，再放入洗净的扇贝壳中。

2. 粉丝泡发，洗净；姜末、蒜末、红椒末、精盐、酱油、料酒、香油放入碗中调成味汁。

3. 每个扇贝上放上粉丝，再淋上味汁，放入蒸锅中，用旺火蒸约3分钟，取出，撒上葱末，淋入酱油，浇入明油即可。

菠萝鸡丁

鸡腿肉　　香甜味　　20分钟

材料

鸡腿肉 ·············· 300克

菠萝 ·············· 200克

红椒 ·············· 50克

葱段 ·············· 15克

姜片 ·············· 5克

精盐 ·············· 1小匙

味精、白糖 ··· 各1/2小匙

料酒、淀粉 ····· 各1大匙

植物油 ·············· 适量

做法

1. 菠萝去皮,切成小丁,放入淡盐水中浸泡;红椒洗净,去蒂及籽,切成小丁。

2. 鸡腿肉切成丁,加入少许精盐、味精、料酒、淀粉拌匀,再下入油锅内滑至八分熟,捞出、沥油。

3. 锅中留底油,复置旺火上烧热,先下入葱段、姜片、红椒丁炒香,再放入鸡肉丁炒匀。

4. 然后加入精盐、白糖、菠萝丁翻炒至入味,再淋入少许明油,即可出锅装盘。

材料

芦笋	400克	葱花	5克
虾仁	100克	精盐、味精	各1/2小匙
鲜百合	30克	白糖	少许
青椒块	20克	水淀粉	1小匙
红椒块	20克	植物油	3大匙

百合芦笋虾球

芦笋 ● 咸鲜味 ● 15分钟

养生功效

芦笋所含多种维生素和微量元素的质量优于普通蔬菜，经常食用芦笋能预防心脏病、高血压、心动加速、疲劳症、水肿、膀胱炎、排尿困难等症。

做法

1. 将芦笋去皮，洗净，切成小段；百合去黑根、洗净，瓣成小瓣，全部放入沸水锅中焯烫一下，捞出沥干。

2. 虾仁去沙线，洗净，在背部片一刀，下入沸水锅内，加入少许精盐焯烫一下，捞出沥水。

3. 坐锅点火，加入植物油烧热，先下入葱花炒出香味，再放入芦笋段、虾球和百合瓣略炒。

4. 然后加入精盐、味精、白糖、青椒块、红椒块翻炒均匀，再用水淀粉勾芡，即可出锅装盘。

鱼汤氽北极贝

🕐 北极贝　🍲 咸鲜味　🐻 20分钟

材料

棒鱼·················· 200克

北极贝·············· 80克

鲜虾、蛤蜊肉 ··· 各50克

蒜末·················· 5克

精盐、胡椒粉 ··· 各1小匙

料酒、淀粉 ······ 各少许

番茄汁、黄油 ··· 各2大匙

清汤、植物油 ··· 各适量

做法

1. 将棒鱼去头、去内脏,洗净,切成段,裹上淀粉,再放入热油中炸至微黄色,捞出沥油。

2. 北极贝用清水洗净,片成片;蛤蜊肉放入清水中洗净,捞出沥水。

3. 锅中加入黄油烧化,先放入蒜末、番茄汁、料酒炒香,再加入清汤、精盐烧沸。

4. 然后放入棒鱼肉、鲜虾、蛤蜊肉、北极贝氽烫至熟,撒入胡椒粉,出锅装碗即可。

养生功效

中医认为蛤蜊的壳可入药,有清热、利湿、化痰、散结的功效,对慢性气管炎、淋巴结结核、胃及十二指肠溃疡等病症有很好的治疗和保健效果。

农家刀削面

🍜 刀削面　🥣 咸鲜味　⏱ 45分钟

材料

刀削面 ·············· 150克

熟猪五花肉 ········ 100克

油菜心、白菜 ······ 适量

蒜苗 ·············· 各适量

鸡蛋 ················ 1个

葱段 ·············· 少许

精盐、味精 ··· 各1/2小匙

高汤 ·············· 500克

植物油 ············· 1大匙

做法

1. 将猪肉用清水洗净,切成片;白菜、蒜苗分别洗净,切成小段。

2. 锅中加入适量清水烧沸,下入刀削面煮6分钟至熟,捞出装碗。

3. 锅中加油烧热,磕入鸡蛋煎好,再下入猪肉片、葱段爆香,加入高汤、精盐、味精烧沸。

4. 然后下入油菜心、白菜、蒜苗,待锅内汤汁再沸时,离火,盛入面碗中,上桌即可。

六合面三鲜饺

玉米面 ～ 咸香味 ⏱ 60分钟

材料

玉米面	300克	姜末	15克
豆腐	250克	精盐、鸡精	各1小匙
韭菜末、面粉	各150克	味精	2克
黄豆面	50克	五香粉	少许
海米末	25克	植物油、香油	各适量

做法

1. 玉米面用沸水烫透,晾凉,加入面粉、黄豆面、清水和成面团,略饧;豆腐洗净,切成丁。

2. 锅中加油烧热,下入豆腐丁煎至金黄,出锅装碗,加入海米末、姜末、精盐、鸡精、味精、五香粉、香油、韭菜末拌匀成馅料。

3. 面团搓成长条,揪成剂子,擀成薄皮,放上馅料,捏成月牙形饺子生坯,摆入蒸锅内,用旺火蒸15分钟至熟,取出装盘即成。

蹄花卷

🍥面粉 🍜醇香味 ⏰40分钟

材料

自发酵面团 ········· 250克
青、红丝 ········· 各少许
香油 ············· 20克
食用碱水 ··········· 4克

做法

1. 把自发酵面团用食用碱水揉匀,揪成10个大小均匀的面剂,揿平。

2. 用擀面杖擀成面皮,一半涂油,撒上青、红丝对折,另一半再涂油,撒上青、红丝,然后对折成90°扇形,用刀在尖头处顺中心2/3处切开。。

3. 将两边向后翻转,捏紧向下放,刀口翻出,做成猪蹄生坯,入笼蒸熟,取出即成。

养生功效

小麦中含有的糖类可以帮助蛋白质和脂肪的代谢,提供人体所需的热量,维持大脑和神经系统的正常运作,刺激人的思维活动,有醒脑、健脑的功效。

材料

手工面条 …………	400克	精盐 ……………	1小匙
水发海参…………	250克	味精、奶汤 ……	各适量
熟鸡肉片 …………	80克	胡椒水…………	适量
熟火腿片 …………	50克	熟鸡油…………	适量
冬笋…………	适量		

奶汤海参面

面条 ～ 浓香味 ～ 25分钟

养生功效

小麦磨面粉后剩余的麦麸（即麦皮）中含有丰富的维生素B₁和蛋白质，有缓和神经的功效，能除烦、解热、润脏腑、安神经，并有抗癌作用。

做法

1. 将水发海参洗涤整理干净，切成片；冬笋洗净，切成片，放入沸水锅中煮透，捞出沥干。

2. 锅中加入奶汤、鸡肉、火腿、冬笋、精盐、味精、胡椒水烧沸，下入海参，淋入熟鸡油，制成面臊。

3. 将手工面条下入沸水锅中煮熟，捞出沥干，均分装入碗中，再浇上面臊，即可上桌食用。

鲜鱼片粥

🍚大米 🍜醇香味 ⏰90分钟

材料

净鱼肉 ·············· 250克

大米 ·············· 150克

干贝 ·············· 25克

香菜末 ·············· 15克

姜丝、葱花 ······ 各10克

精盐、胡椒粉 ··· 各少许

酱油 ·············· 2小匙

香油 ·············· 4小匙

做法

1. 将大米淘洗干净,用少许精盐拌匀,腌渍片刻;干贝用温水浸发,撕成小条。

2. 将净鱼肉用清水洗净,切成薄片,加入酱油、精盐腌拌均匀。

3. 锅中加入清水,下入大米和干贝煮至粥将熟,再加入香油、胡椒粉、葱花、姜丝调味。

4. 然后下入鱼片,待粥再次煮沸、鱼片熟透时,撒入香菜末,即可出锅装碗。

茄汁牛肉面

🍜面条　🥣咸鲜味　⏰90分钟

材料

牛肋肉 ……………… 500克

面条 ……………… 150克

番茄 ……………… 3个

豌豆 ……………… 少许

姜片、葱段 ……… 各适量

精盐 ……………… 1/2小匙

白糖、酱油 ……… 各1大匙

料酒 ……………… 1大匙

番茄酱 ……………… 3大匙

香油 ……………… 少许

植物油 ……………… 2大匙

做法

1. 番茄去蒂、洗净,切成小块;豌豆洗净,放入清水锅内焯烫一下,捞出过凉、沥水。

2. 牛肋肉洗净,放入沸水中略焯,捞出过凉,放入锅中,加入料酒、姜片及清水烧沸,转小火煮20分钟,捞出切块。

3. 锅中加油烧热,放入牛肉块、葱段炒出香味,加入酱油、料酒、白糖、番茄酱、精盐翻炒均匀,倒入煮牛肉的原汤烧沸,转小火继续炖约30分钟至汤汁稠浓入味。

4. 放入番茄,续炖20分钟至熟,撒上豌豆,淋入香油;面条放入清水锅内煮熟,捞出装盘,再浇上茄汁牛肉块即成。

材料

面条	150克	酱油、味精	各2小匙
猪瘦肉丝	40克	白糖、香油	各1小匙
虾仁	40克	清汤、淀粉	各1大匙
鲜笋丝	30克	植物油	适量
韭芽段	20克		

扬州脆炒面

🍜 面条 · 🍲 咸香味 · ⏰ 20分钟

养生功效

小麦中含有的B族维生素，在体内发挥着许多功能，而且还是食物正常代谢中不可缺少的营养成分，对人体健康很有益处。

做法

1. 将虾仁挑除沙线、洗净，放入碗中，加入淀粉抓匀、浆好，放入热油中滑散，捞出沥油。

2. 锅中留底油烧热，放入肉丝炒散，再下入笋丝、韭芽段、清汤、酱油、白糖、味精炒匀，出锅成卤汁。

3. 锅中加入植物油烧至六成热，下入面条炸至酥脆，滗去余油。

4. 将小碗里的卤汁倒入锅中，加入虾仁，用旺火炒至入味，淋入香油，出锅即成。

Part 3

养肺润燥 秋季菜

青椒炒肉丝

青椒 | 香辣味 | 20分钟

材料

青椒·················· 300克

猪里脊肉·········· 150克

鸡蛋清·················· 1个

葱花、姜丝·········各5克

精盐、味精·········各2小匙

酱油、料酒·········各1小匙

水淀粉·················· 1大匙

植物油·················· 适量

做法

1. 猪里脊肉洗净，切丝，加入鸡蛋清、精盐、水淀粉抓匀；青椒洗净，去蒂及籽，切成细丝。

2. 炒锅置火上，加入植物油烧热，放入猪肉丝滑散至变色，捞出沥油。

3. 锅中留底油，复置火上烧热，先下入葱花、姜丝炒香，再放入青椒丝略炒。

4. 加入猪肉丝、精盐、酱油、料酒、味精炒至入味，用水淀粉勾薄芡，出锅装盘即成。

材料

酸菜·······················500克
鹅腿·····························1只
水发粉丝·················50克
葱段、姜片·········各10克
八角·····························1粒

精盐、味精·········各1小匙
胡椒粉·················1/2小匙
鲜汤·····················500克
熟鸡油·················2大匙

汽锅酸菜鹅

酸菜 〜 咸鲜味 🕐 60分钟

养生功效

作为酸味食品，适量进食酸菜有益人体健康。它有利于提高钙、磷在肠道内的溶解度，使之更易被人体吸收利用，增进血液循环的畅通。

做法

1. 鹅腿洗净，剁成块，放入沸水锅中煮30分钟，捞出，冲凉，沥水；酸菜去根，切成细丝，洗净后攥干水分。

2. 坐锅点火，加入熟鸡油烧热，先放入葱段、姜片、八角炒香，再下入酸菜丝炒散，然后码入汽锅中。

3. 汽锅内加入水发粉丝、鹅肉、鲜汤、精盐，盖严锅盖，入锅蒸30分钟，再用味精、胡椒粉调味，出锅即成。

豆腐干拌贡菜

🍲 豆腐干　🍵 咸鲜味　⏰ 10分钟

材料

豆腐干 ············· 200克

贡菜 ·············· 100克

红椒丝 ············ 50克

红干椒末 ·········· 30克

葱丝、姜丝 ······ 各10克

精盐 ············· 1/2小匙

胡椒粉 ··········· 1/2小匙

香油 ············· 1大匙

做法

1. 贡菜泡发，洗净，切成小段，放入沸水中焯烫一下，捞出过凉；豆腐干切成丝，也放入沸水锅内焯烫一下，捞出沥水。

2. 锅中加入香油烧热，下入姜丝炒香，再放入红干椒末炸香，出锅倒入小碗中成辣椒油。

3. 贡菜段、豆腐干丝、红椒丝放入碗中，加入葱丝、精盐、胡椒粉和辣椒油拌匀即成。

养生功效

豆腐干中的不饱和脂肪酸含量高，一般不含有胆固醇，是高血压、冠心病、动脉硬化等症的理想保健食品，也是避免"肥胖症"的健美食品。

菜薹炝皮蛋

🌐韭菜薹 🍜鲜香味 ⏰15分钟

材料

韭菜薹·············· 200克

西红柿、皮蛋 ····· 各2个

蒜末················ 少许

白糖、白醋 ····· 各1大匙

酱油················ 2大匙

香油················ 1小匙

做法

1. 韭菜薹择洗干净，切成小段，放入沸水锅中焯烫一下，捞出用冷水过凉，沥干水分。

2. 西红柿去蒂，洗净，切成1厘米大小的粒；皮蛋剥去外壳，洗净，切成粒。

3. 将西红柿粒、韭菜薹段、皮蛋粒放入盘中，浇上用蒜末、白糖、白醋、酱油调成的味汁，再淋上烧热的香油拌匀即可。

白蘑田园汤

白蘑 · 咸鲜味 · 25分钟

材料

小白蘑	200克	精盐、酱油	各1小匙
玉米笋、胡萝卜	各50克	鸡精	1/2小匙
土豆	50克	料酒	2小匙
西蓝花	30克	鸡汤	500克
葱花	5克	植物油	2大匙

做法

1. 小白蘑去根，洗净；玉米笋洗净，切成小条；土豆、胡萝卜分别去皮，洗净，均切成片；西蓝花洗净，瓣成小朵。

2. 净锅置火上，加入植物油烧热，先下入葱花炒香，再烹入料酒，添入鸡汤烧沸。

3. 然后放入小白蘑、玉米笋、土豆片、胡萝卜片、西蓝花，转小火煮至熟烂。

4. 撇去汤汁表面杂质，加入精盐、酱油、鸡精调好口味并煮匀，即可出锅装碗。

翡翠拌腰花

🐷猪腰 🍲咸香味 ⏰45分钟

材料

猪腰……………… 200克

冲菜……………… 100克

红辣椒粒………… 15克

香菜根…………… 10克

葱段、姜片、蒜泥… 各5克

精盐、味精 …… 各1小匙

白糖……………… 1小匙

胡椒粉、香油 … 各少许

香醋、芥末膏 … 各2小匙

料酒……………… 1大匙

美极鲜酱油……… 适量

鸡汤……………… 适量

做法

1. 将冲菜洗净，切碎后放入锅中稍炒，倒入盆中，用保鲜膜密封至冷却；香菜根洗净。

2. 猪腰洗净，剖上花刀，切成片，加入姜片、葱段、料酒码味，用沸水焯至断生，捞出沥水。

3. 美极鲜酱油、鸡汤、香菜根放入锅中熬成稠汁，加入精盐、味精、白糖调匀成味汁。

4. 冲菜加入精盐、香醋、蒜泥、芥末膏、胡椒粉拌匀，再放上腰片，淋入味汁、香油，撒上红椒粒即可。

养生功效

　　猪腰中含有的少量胆固醇是人体不可缺少的营养物质，可以很好地满足细胞膜、性激素、皮质激素与胆酸合成的需要，促进人体神经系统的生长发育。

材料

鳕鱼肉 ……………	250克	精盐 …………	1/2小匙
水发海参 …	1条(约100克)	料酒 …………	1小匙
鸡蛋清 ……………	3个	水淀粉 …………	1大匙
干贝 ……………	3粒	胡椒粉 …………	1/3小匙
葱末 ……………	10克	香油 …………	少许
姜末 ……………	5克		

鱼肉海参羹

🐟 鳕鱼　咸鲜味　⏱ 30分钟

养生功效

鳕鱼除了鱼肉有很好的食疗以及保健功效外,其全身也都是宝,如鳕鱼骨头有治脚气的功效;而鱼肝油可治跌打损伤,瘀伤,脚气,火伤,溃疡等。

做法

1. 水发海参去掉内脏、洗净,用热水焯烫一下,捞出沥干,切成小块;鳕鱼肉洗净,切成小丁。

2. 干贝泡发,放入碗中,加入少许葱末、姜末、料酒拌匀,入锅蒸熟,撕成细丝;蛋清打成发泡状。

3. 净锅置火上,加入清水烧煮至沸,放入水发海参块、鳕鱼丁、干贝丝、葱末、姜末烧沸,撇去浮沫。

4. 用小火煮约20分钟,水淀粉勾芡,淋入鸡蛋清,加入胡椒粉、精盐、香油调匀,出锅即可。

麻辣蜇皮

🐟海蜇 🥄麻辣味 🐻30分钟

材料

水发海蜇皮 ……… 300克

红干椒段 ………… 10克

花椒 …………… 15粒

姜末 …………… 5克

葱花 …………… 10克

蒜末 …………… 3克

精盐 …………… 1小匙

白糖 …………… 1/2小匙

酱油、米醋 …… 各2小匙

味精 …………… 少许

香油 …………… 1大匙

做法

1. 水发海蜇皮用清水浸泡并洗净，切成丝，放入热水中稍烫一下，捞出装盘。

2. 锅置旺火上，加入香油烧至六成热，放入红干椒段、花椒炸香出味，下入姜末、蒜末、葱花略炒，出锅倒入调味碗内。

3. 再加入精盐、白糖、酱油、味精、米醋调匀成味汁，浇淋在盘中的海蜇丝上即成。

五彩鲜贝

🦪鲜贝 🍲咸鲜味 ⏰20分钟

材料

鲜贝肉 ………… 300克

胡萝卜球 ………… 50克

黄瓜球、草菇 … 各30克

水发香菇 ………… 15克

精盐 ………… 1小匙

味精 ………… 1/2小匙

料酒 ………… 2小匙

胡椒粉 ………… 少许

淀粉 ………… 2大匙

水淀粉 ………… 适量

植物油 ………… 适量

做法

1. 鲜贝肉洗净，沥干水分，拍匀一层淀粉，下入热油锅中滑散、滑透，捞出沥油。

2. 胡萝卜球、黄瓜球、草菇、水发香菇分别洗净，放入沸水锅中焯烫一下，捞出沥水。

3. 锅置火上，加入少许植物油烧热，先下入鲜贝肉、胡萝卜、黄瓜、草菇、香菇炒匀。

4. 再放入精盐、味精、料酒、胡椒粉炒至入味，然后用水淀粉勾芡，出锅装盘即成。

材料

猪耳······················ 4只
葱段、姜片 ········· 各5克
桂皮······················ 20克
八角······················ 10克

精盐、味精 ······ 各1小匙
料酒····················· 2大匙
卤汁······················ 少许

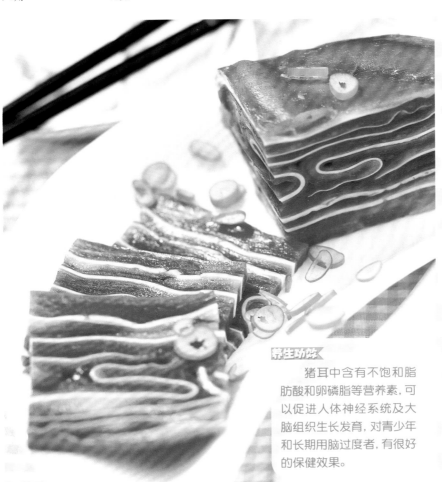

卤味千层耳

🍳 猪耳 🍲 酱香味 ⏱ 2小时

养生功效

猪耳中含有不饱和脂肪酸和卵磷脂等营养素,可以促进人体神经系统及大脑组织生长发育,对青少年和长期用脑过度者,有很好的保健效果。

做法

1. 将猪耳放入温水中浸泡,刮净皮面,用清水洗净,切去耳根。

2. 锅中加入适量清水烧热,放入猪耳烫透,捞出冲凉。

3. 锅中加入适量清水,放入猪耳、葱段、姜片、桂皮、八角、精盐、味精和料酒,小火煮1小时。

4. 捞出猪耳,叠放在方盘内,再浇上少许卤汁,上用重物压实,放入冰箱内冷却,食用时取出,切成薄片,装盘即可。

川卤牛肚

牛肚 🥄 香辣味 🐻 60分钟

材料

鲜牛肚 ………… 1000克
葱段 ………… 15克
姜块 ………… 10克
精盐 ………… 1大匙
味精 ………… 2小匙
冰糖、植物油 … 各4小匙
卤水 ………… 2000克

做法

1. 将鲜牛肚刮洗干净，先放入沸水锅内焯烫一下，捞出洗净。

2. 再放入清水锅中，加入葱段、姜块，小火煮至熟嫩，捞出沥干。

3. 锅中加入卤水、精盐、味精、冰糖、植物油烧沸，放入牛肚，转小火卤煮10分钟至入味。

4. 取出牛肚晾凉，切成长条，码入盘中，浇淋上少许卤汁，上桌即可。

养生功效

　　牛肚中含有的蛋白素具有强大黏性，可刺激皮肤组织新生细胞，使新肌生长。所以食用牛肚不但能愈合肠胃溃疡，对若干阴性外科久不收口者，也有愈合的效果。

卤味螃蟹

🦀海蟹 🍲咸鲜味 ⏰60分钟

材料

海蟹 ········· 3只(约500克)
卤料包 ················· 1个
(草果3克,肉蔻5克,香叶2
克,葱2棵,姜1块)
酱油 ················· 1大匙
精盐 ················· 2大匙
白糖 ················· 3大匙
味精 ················· 2小匙
老汤 ················· 适量

做法

1. 将海蟹用刷子刷洗干净,剥开蟹壳,去除沙袋,用清水冲洗干净。

2. 锅中放入白糖及少许清水,用小火熬至暗红色,再加入清水煮沸,离火待凉制成糖色。

3. 锅中加入老汤、卤料包烧沸,加入糖色、酱油、精盐、味精煮成卤汤,放入海蟹,以小火卤约25分钟,关火后再焖5分钟。

4. 将海蟹捞出,切成两块,再摆回原来形状,装盘上桌即可。

杭椒炒素菇

蘑菇 · 香辣味 · 一分钟

材料

鲜蘑菇 ············· 250克

杭椒 ·············· 150克

大葱、姜块 ······ 各5克

精盐、味精 ····· 各1大匙

料酒 ·············· 1大匙

水淀粉、香油 ··· 各1小匙

植物油 ············· 2大匙

做法

1. 鲜蘑菇去蒂，洗净，撕成细条，再放入沸水锅中焯透，捞出、沥干。

2. 杭椒去蒂、去籽，洗净，切成段；大葱去根和老叶，切成细末；姜块去皮，切成末。

3. 坐锅点火，加入植物油烧热，先下入葱末、姜末炒出香味，再放入杭椒、鲜蘑菇翻炒均匀。

4. 然后烹入料酒，加入精盐、味精炒至入味，再用水淀粉勾薄芡，淋入香油，即可出锅装盘。

炝拌海带丝

🌀海带　🍲咸鲜味　⏰20分钟

材料

水发海带 ………… 150克

粉丝 …………… 100克

净香菜段 ………… 10克

葱花、姜末 …… 各5克

蒜泥 ……………… 5克

精盐 ……………… 1小匙

味精 ……………… 少许

香油 ……………… 1大匙

白醋、酱油 …… 各2小匙

做法

1. 将水发海带漂洗干净，切成细丝，放入沸水锅中焯烫一下，捞出沥干。

2. 粉丝用温水泡软，切段，放入盆中，再加入海带丝、葱花、姜末、香菜段和蒜泥稍拌。

3. 然后加入精盐、味精、白醋、酱油调拌均匀，淋入烧热的香油拌匀，装盘上桌即成。

养生功效

　　海带中含有大量的碘，碘是甲状腺合成的主要物质，如果人体缺少碘，就会患"粗脖子病"，即甲状腺机能减退症，所以海带是甲状腺机能低下者的最佳食品。

材料

净三黄鸡 ···1只(约1250克)
葱段 ················· 30克
姜片 ················· 20克
香料包················· 1个
(花椒、八角、桂皮、山奈、

肉蔻、白芷、陈皮、丁香、草
果各适量)
精盐、白糖 ······ 各适量
饴糖················· 适量

熏三黄鸡

三黄鸡 酱香味 60分钟

养生功效

鸡肉中含有丰富的蛋白质,而脂肪中多含有不饱和脂肪酸,因此是老年人、心血管疾病患者较好的蛋白质食品,尤其对体质虚弱、病后或产后者更为适宜。

做法

1. 净三黄鸡刮洗干净,从开膛处将两只鸡爪交叉插入腹内,将右膀从宰杀刀口处插入,从鸡嘴提出,鸡头弯曲别在鸡膀下面。

2. 锅中加入适量清水,放入葱段、姜片、香料包、精盐和饴糖煮成卤汤,放入三黄鸡卤至煮嫩,捞出。

3. 将白糖放入熏锅内,放上箅子,摆上三黄鸡,盖上盖后熏1分钟,出锅装盘即成。

木耳炒鸡块

🍗鸡腿 🥣咸鲜味 ⏰30分钟

材料

鸡腿·········· 2只(约400克)

西蓝花·············· 100克

水发木耳·········· 30克

胡萝卜片·········· 20克

青蒜段·········· 20克

葱花、姜末······ 各10克

蒜末················ 10克

精盐·············· 1/2小匙

酱油·············· 2大匙

白糖、米醋······ 各1小匙

料酒················ 1大匙

胡椒粉·········· 少许

水淀粉·············· 2小匙

植物油·············· 适量

做法

1. 将鸡腿洗净，剁成块，放入清水锅中，上火焯烫至熟透，捞出用冷水冲洗干净，沥干水分；西蓝花洗净，掰成小朵。

2. 锅置火上，加入植物油烧至六成热，先下入葱花、姜末、蒜末炒出香味，再放入鸡块、胡萝卜、木耳、西蓝花略炒一下。

3. 加入精盐、酱油、白糖、米醋、料酒、胡椒粉炒至入味，用水淀粉勾芡，撒入青蒜段翻炒均匀，即可出锅。

白菜心拌蜇皮

白菜　咸鲜味　25分钟

材料

大白菜 …………… 350克

水发海蜇皮 …… 200克

红椒丝、香菜 …… 各15克

蒜末 ……………… 15克

精盐、味精 … 各1/2小匙

香油 …………… 1/2小匙

白糖、白醋 …… 各1小匙

做法

1. 将大白菜去根和老叶，取净白菜心，用清水洗净，沥净水分，切成细丝；香菜洗净，切成小段。

2. 水发海蜇皮放入温水中发透，洗净泥沙，切成细丝，再用清水泡去多余盐分，捞出、攥干。

3. 将水发海蜇皮丝、白菜丝、红椒丝、香菜段放入容器中，先加入精盐调拌均匀。

4. 然后加入白糖、味精、香油、白醋、蒜末调好口味，装盘上桌即成。

材料

猪肚 ·············· 1个(约750克)	料酒 ·············· 4大匙
葱段 ·············· 15克	香料包 ·············· 1个
姜片、蒜末 ······ 各10克	(胡椒、花椒、桂皮、八角、
精盐、米醋 ······ 各适量	砂仁各3克,小茴香、丁香
酱油 ·············· 5大匙	各2克)

特色酱猪肚

🌐猪肚 ～酱香味 ⏱60分钟

养生功效

　　猪肚中含有的蛋白素含强大黏性,可刺激皮肤组织新生细胞,使新肌生长。所以猪肚不但能愈合肠胃溃疡,对若干阴性外科久不收口者,也有愈合之效。

做法

1. 将猪肚用精盐、米醋反复搓洗,再放入温水中洗净,然后用沸水焯烫一下,捞出过凉。

2. 锅中加入适量清水,放入葱段、姜片、蒜末、精盐、米醋、酱油、料酒、香料包烧沸,再转小火续煮20分钟,制成酱汁。

3. 将猪肚放入酱汁中煮沸,撇净浮沫,转小火酱至熟嫩,离火晾凉,切成条块,装盘上桌即可。

秘制咖喱排骨

排骨　咖喱味　20分钟

材料

猪排骨············· 1200克

姜块·············· 50克

咖喱酱············· 2大匙

精盐、白糖 ······ 各2小匙

酱油、料酒 ······ 各1大匙

香料包·············· 1个
(桂皮、八角、花椒各5克,
丁香2克)

老汤·············· 适量

做法

1. 将猪排骨洗净,剁成4厘米长的块,再放入沸水锅中焯烫一下,捞出冲净。

2. 锅中加入咖喱酱和姜块炒香,放入老汤、香料包、精盐、白糖、酱油、料酒煮成酱汁。

3. 下入排骨块烧沸,转小火酱至汤汁浓稠、排骨熟烂,捞出排骨,装盘上桌即可。

养生功效

排骨中含有的胆固醇是组成脑、肝、心、肾必不可少的物质,有一部分胆固醇经紫外线照射可转化为维生素D,能促进机体对钙的吸收利用,有助于人体生长发育。

辣炒蛤蜊

🍲蛤蜊　🍜香辣味　⏱25分钟

材料

活蛤蜊 …………… 500克

青椒丝 …………… 10克

红椒丝 …………… 10克

葱丝、姜末 ……… 各5克

蒜末 ……………… 5克

红干椒 …………… 少许

酱油、米醋 …… 各1大匙

白糖、辣酱 …… 各2大匙

料酒 ……………… 2小匙

胡椒粉、香油 … 各1小匙

植物油 …………… 适量

做法

1. 将活蛤蜊放入清水中吐净泥沙，再用沸水煮至开壳，即刻捞出，用原汤冲净。

2. 净锅置火上，加油烧至六成热，先下入葱丝、姜末、蒜末、红干椒炒香，再放入辣酱炒匀。

3. 然后烹入料酒、米醋，加入酱油、白糖、胡椒粉、蛤蜊快速翻炒至入味，再淋入香油，撒上青椒丝、红椒丝，即可出锅装盘。

什锦拌肚丝

🥄 牛肚 🍲 咸鲜味 ⏱ 2小时

材料

牛肚 ·······	300克	蒜末 ·······	10克
青椒、红椒 ·····	各50克	八角 ·······	2粒
木耳 ·······	5克	精盐 ·······	1小匙
葱段 ·······	15克	味精、香油 ···	各1/2小匙
姜片 ·······	5克		

做法

1. 把牛肚去掉白色油脂和杂质,用淡盐水浸泡并洗净,再放入沸水锅内焯烫一下,取出,去除肚毛,冲洗干净。

2. 把牛肚放入清水锅中,加入葱段、姜片、八角,小火烧煮至熟,捞出牛肚,晾凉,切成5厘米长的丝。

3. 青椒、红椒去蒂、去籽,洗净,切成长丝;木耳用温水涨发,去蒂,攥干水分,切成细丝。

4. 牛肚丝放入盆中,加入青椒丝、红椒丝、木耳丝、精盐、味精、蒜末、香油拌匀,装盘即成。

香酥猴头菇

🍄 猴头菇 🍲 咸香味 ⏰ 15分钟

材料

猴头菇 ……………… 300克
红椒末 ……………… 30克
鸡蛋清 ……………… 1个
葱花、姜片 …… 各适量
蒜末 ……………… 适量
精盐 ……………… 1小匙
胡椒粉、味精 … 各2小匙
淀粉 ……………… 5大匙
植物油 ……………… 适量

做法

1. 鲜猴头菇去蒂，洗净，切成小块，再放入沸水锅中，加入葱花、姜片煮5分钟，捞出沥干。

2. 锅中加油烧热，将猴头菇裹匀由淀粉、鸡蛋清调匀的蛋糊，下锅炸至金黄，捞出沥油。

3. 锅中留底油烧热，下入葱花、蒜末、红椒末炒香，加入精盐、味精、胡椒粉炒匀，离火出锅，加上炸好的猴头菇拌匀，上桌即成。

养生功效

猴头菇有提高机体免疫功能的效果，可以延缓人体衰老。现代医学研究发现，猴头菇能抑制癌细胞中的遗传物质的合成，从而可以预防消化道癌症和其他恶性肿瘤。

材料

鸡胸肉 ··············· 200克	葱末、姜末 ······· 各15克
虾蓉馅 ··············· 150克	精盐、香油 ······· 各1小匙
面包渣、面粉 ··· 各100克	料酒 ················· 2小匙
鸡蛋 ··············· 2个	植物油 ·············· 适量

炸鸡椒

鸡胸肉 · 咸香味 · 20分钟

养生功效

鸡胸肉中含有丰富的B族维生素，具有恢复疲劳、保护皮肤的作用，对体弱疲倦、失眠、胃肠不适以及口腔炎症者有非常好的食疗效果。

做法

1. 鸡胸肉剔去筋膜，片成大片，加入葱末、姜末、精盐、料酒和香油拌匀，腌渍入味。

2. 鸡肉片放在案板上，先抹匀一层虾蓉馅，卷成纺锤形成"鸡椒"，再沾匀面粉，裹上鸡蛋液，裹匀面包渣成鸡椒生坯。

3. 锅中加植物油烧至五成热，逐个下入"鸡椒"炸至金黄色，捞出沥油，码盘上桌即可。

火腿奶酪猪排

里脊肉　香甜味　20分钟

材料

猪里脊肉 ………… 350克
火腿 ……………… 100克
奶酪、面包糠 …… 各75克
鸡蛋 ……………… 2个
精盐 ……………… 1小匙
鸡精 ……………… 1/2小匙
胡椒粉 …………… 1/2小匙
面粉 ……………… 2大匙
植物油 …1000克(约耗60克)

做法

1. 猪里脊肉洗净,切成夹刀片,排剁几下,加入精盐、鸡精、胡椒粉稍腌;鸡蛋磕入碗中打散。

2. 将奶酪、火腿切成片,夹入猪排中,沾匀面粉,拖上鸡蛋液,再裹匀面包糠成猪排生坯。

3. 锅置火上,加入植物油烧热,下入猪排生坯炸至金黄色,捞出沥油,装盘上桌即可。

清炒鱿鱼丝

鱿鱼　咸鲜味　10分钟

材料

水发鱿鱼 ………… 400克

黄瓜 ………… 100克

葱花、姜末 …… 各10克

精盐 ………… 1/2小匙

酱油、料酒 …… 各2小匙

花椒粉 ………… 少许

水淀粉 ………… 1大匙

清汤 ………… 2大匙

香油 ………… 1小匙

植物油 … 600克(约耗50克)

做法

1. 水发鱿鱼撕去外膜，除去内脏，洗涤整理干净，切成长丝；黄瓜去蒂，洗净，切成细丝。

2. 净锅置火上，加入植物油烧至四成热，下入水发鱿鱼丝冲炸一下，捞出沥油。

3. 锅中留底油，复置火上烧热，先下入葱花、姜末炒香，再放入黄瓜丝、水发鱿鱼丝略炒。

4. 加入花椒粉、精盐、酱油、料酒、清汤翻炒至入味，用水淀粉勾芡，淋入香油，即可出锅装盘。

1

2

3

材料

小鲫鱼	1000克	酱油、米醋	各3大匙
葱段	15克	香油	1小匙
姜片	10克	鲜汤	1000克
精盐	2小匙	植物油	1100克
白糖	5小匙		

风味煎鲫鱼

鲫鱼 · 咸鲜味 · 90分钟

养生功效

鲫鱼所含的蛋白质质优齐全，容易消化吸收，是肝肾疾病、心脑血管疾病患者的良好蛋白质来源，经常食用，可补充营养，增强抗病能力。

做法

1. 将小鲫鱼去掉鱼鳃，刮净鱼鳞，去除内脏和杂质，用清水冲洗干净，在鱼身两面剞上一字花刀。

2. 锅中垫上箅子，铺上葱段、姜片，摆入鲫鱼，添入鲜汤，加入调料烧沸，转小火烧焖1小时至鲫鱼酥烂，取出。

3. 净锅置火上，加入植物油烧至六成热，下入鲫鱼，中火煎至酥香，出锅沥油，装盘上桌即可。

草菇鸡心

🍗鸡心 🍲鲜香味 ⏰20分钟

材料

鸡心 ················· 200克

鲜草菇 ··············· 150克

青、红椒块 ········ 各25克

葱花、姜末 ········ 各10克

精盐、料酒 ········ 各1小匙

蚝油、白糖 ········ 各1大匙

胡椒粉 ················· 少许

水淀粉 ················· 少许

植物油 ················· 适量

做法

1. 将鸡心洗净，剞上花刀，加入料酒拌匀，再放入沸水锅中焯烫一下，捞出冲净。

2. 草菇去蒂，洗净，用加有少许精盐的沸水略焯一下，捞出过凉，沥干水分。

3. 锅中加油烧热，下入葱花、姜末炒出香味，再放入鸡心、青椒、红椒、草菇略炒，然后加入料酒、蚝油、胡椒粉、白糖炒匀，用水淀粉勾芡，出锅即可。

养生功效

　　草菇能消食祛热，补脾益气，清暑热，滋阴壮阳，增加乳汁，防止坏血病，促进创伤愈合，护肝健胃，增强人体免疫力，是优良的食药兼用型的营养保健食品。

燕麦煎鸡排

🐔 鸡胸肉 🍚 香甜味 ⏱ 20分钟

材料

鸡胸肉 ·············· 300克

燕麦片、面粉 ··· 各100克

洋葱条 ·············· 80克

黄瓜条 ·············· 70克

番茄条 ·············· 50克

鸡蛋 ················ 2个

精盐 ················ 1大匙

酸甜辣酱 ··········· 1大匙

柠檬汁 ·············· 2大匙

胡椒粉 ············· 1/2小匙

植物油 ············· 1000克

做法

1. 将鸡胸肉洗净，切成厚片，加入柠檬汁、精盐、胡椒粉拌匀，稍腌；将番茄条、洋葱条、黄瓜条摆放入盘中成配菜。

2. 锅置火上，加油烧热，将鸡肉片沾匀面粉，拖上鸡蛋液，再裹匀燕麦片成生坯。

3. 放入油锅中煎至金黄色，取出，切成条，码放入盘中，带酸甜辣酱、配菜盘上桌即可。

节瓜焖凤爪

🐔 鸡爪 🥢 咸鲜味 ⏱ 80分钟

养生功效

鸡爪含有丰富的胶原蛋白，胶原蛋白在酶的作用下，能提供皮肤细胞所需要的透明质酸，使皮肤水分充足保持弹性，从而防止皮肤松弛起皱纹。

材料

鸡爪（凤爪）……	500克	姜片………………	5克
节瓜………………	300克	精盐、白糖……	各适量
无花果…………	30克	胡椒粉…………	适量
眉豆……………	少许	植物油、清汤…	各适量
陈皮……………	10克		

做法

1. 鸡爪去掉爪尖，洗净，放入沸水锅内煮熟，捞出；无花果、陈皮、眉豆浸泡；节瓜洗净，切成小块，放入沸水锅内煮2分钟，捞出。

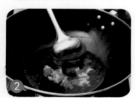

2. 锅置火上，加油烧热，用姜片炝锅，加入鸡爪、节瓜、无花果、陈皮和眉豆炒匀。

3. 再加入清汤、精盐、白糖、胡椒粉烧沸，转小火焖15分钟，出锅装盘即可。

板栗红烧肉

🍲 五花肉　🍜 咸香味　⏰ 90分钟

材料

猪五花肉 ………… 750克

去皮板栗 ………… 200克

葱段 ……………… 15克

姜片、桂皮 …… 各10克

八角 ……………… 3粒

精盐、味精 …… 各2小匙

酱油 ……………… 1大匙

糖色、料酒 …… 各2大匙

水淀粉、鸡汤 … 各3大匙

植物油 …………… 适量

做法

1. 猪五花肉洗净,切成块,用糖色腌渍上色,再放入热油中略炸,捞出沥油。

2. 锅中留底油烧至六成热,下入葱段、姜片炒出香味,再加入料酒、酱油、鸡汤、猪肉块、精盐、味精、八角、桂皮烧沸。

3. 转小火烧焖至八分熟,然后放入板栗续烧10分钟,用水淀粉勾芡,即可出锅装碗。

养生功效

五花肉中的瘦肉含有丰富的蛋白质、维生素B₁和必需的脂肪酸,可为人体提供丰富的营养,经常食用有强身健体,保健长寿的效果。

材料

土豆 ·············· 500克
老鸭肉 ·············· 200克
猕猴桃 ·············· 2个
红苹果 ·············· 1个
洋葱粒 ·············· 适量

葱段、姜片 ·············· 各5克
精盐 ·············· 少许
黑胡椒粉 ·············· 少许
三花淡奶 ·············· 2大匙
清汤 ·············· 适量

老鸭烩土豆

土豆 · 咸鲜味 · 100分钟

养生功效

土豆由于营养丰富，又有"地下苹果"、"第二面包"之美称，此外近代研究证明，土豆是胃病和心脏病患者的良药及优质保健食品。

做法

1. 老鸭肉洗净，剁成块，放入清水锅中，加入葱段、姜片烧沸，焯烫去血污，捞出沥水。

2. 将土豆去皮，用清水洗净，切成小块；猕猴桃去皮，切成小块；苹果洗净，去籽，切成块。

3. 锅中加入清汤、三花淡奶烧沸，放入原料、调料烧烩至熟透入味，出锅装碗即可。

海参焖笋鸡

🌏 鸡胸肉 🍲 咸鲜味 ⏰ 30分钟

材料

鸡胸肉	300克
水发海参	200克
春笋条	100克
鸡腿菇	50克
葱末、蒜片	各15克
精盐、白糖	各1小匙
蚝油、酱油	各1大匙
料酒、水淀粉	各2大匙
米醋、胡椒粉	各少许
植物油	适量
清汤	150克

做法

1. 鸡胸肉切成条,加入精盐、酱油、料酒拌匀;水发海参洗净,切成条;鸡腿菇洗净。

2. 锅置火上,加入植物油烧至六成热,下入鸡肉稍炒一下,烹入料酒,放入葱末、蒜片、春笋、海参和鸡腿菇炒出香味。

3. 加入酱油、精盐、白糖、胡椒粉、蚝油、米醋、清汤烧焖入味,用水淀粉勾芡即成。

海米拌木耳

🐟木耳 🍵咸鲜味 ⏱30分钟

材料

水发黑木耳	300克
海米	25克
姜末、蒜末	各5克
花椒	10粒
精盐	1/2小匙
味精、白糖	各1小匙
蚝油	1小匙
香油	1大匙

做法

1. 水发黑木耳去根，洗净，切成细丝；海米洗净，用温水浸泡20分钟，捞出沥干。

2. 锅中加入适量清水，放入黑木耳丝烧沸，焯煮3分钟至熟透，捞出过凉，用冷水浸泡。

3. 黑木耳丝沥水，放入容器中，加入海米、蚝油、精盐、味精、白糖翻拌均匀，再装入盘中，撒上姜末、蒜末。

4. 锅中加入香油烧热，放入花椒粒炸出香味，捞出花椒不用，将热花椒油浇入盘中即可。

材料

猪蹄	2只	精盐	1/2大匙
百合	200克	料酒	1大匙
葱段、姜片	各15克		

百合炖猪蹄

猪蹄 咸鲜味 90分钟

养生功效

猪蹄中的胶原蛋白在烹调过程中可转化成明胶，它能结合许多水，从而有效改善机体生理功能和皮肤组织细胞的储水功能，防止皮肤过早褶皱，延缓皮肤衰老。

做法

1. 将百合去皮，洗净，瓣成小片；猪蹄去净残毛，洗净，剁成小块，放入清水锅中烧沸，焯烫出血水，捞出冲净，沥干水分。

2. 锅置火上，加入适量清水，放入百合片、猪蹄烧沸，再加入精盐、料酒、葱段、姜片。

3. 然后转小火炖至猪蹄块熟烂入味，拣去姜片、葱段，出锅装碗即成。

红焖花蟹

花蟹 🍲鲜香味 ⏰30分钟

材料

花蟹	2只
小油菜	200克
葱段、姜片	15克
淀粉	2小匙
精盐、豆瓣酱	1大匙
冰糖、鸡精	各1小匙
醪糟	1小匙
甜面酱	2大匙
番茄酱	2大匙
酱油	1/2小匙
植物油	适量

做法

1. 花蟹洗涤整理干净，切成块，加入精盐、醪糟和淀粉拌匀，放入热油中炸至金黄，捞出。

2. 小油菜洗净，切成两半，放入沸水锅内焯烫一下，捞出沥水，码放在盘内垫底。

3. 锅中加油烧热，下入葱段、姜片炒香，再加入豆瓣酱、精盐、冰糖、鸡精、甜面酱、番茄酱、酱油炒匀，倒入花蟹块，小火焖入味，出锅放在小油菜上即可。

养生功效

经常食用海蟹还有较好的抗癌、防癌作用，现代研究发现海蟹及蟹壳中所含的几丁聚糖具有抗癌抑癌活性，能起到抗癌防癌的作用。

茄子煮花甲

🐚 文蛤　🍲 咸鲜味　⏰ 25分钟

材料

文蛤	400克
长茄子	100克
姜丝	10克
红干椒	1个
精盐、味精	各1小匙
白糖	少许
料酒、香油	各1/2小匙
植物油	4小匙
清汤	适量

做法

1. 茄子去蒂及皮，洗净，切成块；文蛤放入淡盐水中浸泡，洗净；红干椒泡软，切成段。

2. 锅置火上，加入植物油烧热，先下入姜丝炒香，再放入文蛤，烹入料酒翻炒片刻。

3. 然后加入清汤，放入茄子块煮约8分钟，再加入精盐、味精、白糖、红干椒段煮3分钟，淋入香油，出锅倒入汤锅中，上桌即成。

牛尾萝卜汤

牛尾 / 咸鲜味 / 2小时

材料

牛尾	500克	精盐	1小匙
白萝卜	150克	味精	1/2小匙
青笋	100克	料酒	1大匙
葱段	15克	鸡汤	350克
姜片	10克		

做法

1. 牛尾洗净，从骨节处断开，再放入沸水锅中，加入少许葱段、姜片焯透，捞出，换清水冲净。

2. 将牛尾放入汤碗中，加入料酒、精盐、葱段、姜片、鸡汤，上屉蒸约1小时至熟烂。

3. 将白萝卜、青笋分别去皮，洗净，挖成圆球状，放入清水锅内烧煮至熟，取出。

4. 把白萝卜球、青笋球放入牛尾汤中，加入味精调匀，续蒸20分钟，捞出葱段、姜片，即可上桌。

火腿煮白菜

🕙火腿 🍲咸鲜味 🐻30分钟

材料

火腿 ················· 300克
白菜叶 ············· 200克
鲜蚕豆 ············· 100克
洋葱 ··················· 少许
精盐 ················· 适量
鸡精 ············· 1/2小匙
柠檬汁 ············· 1小匙
高汤 ············· 1000克
植物油 ············· 2大匙

做法

1. 将火腿刷洗干净,切成片;洋葱洗净,切成末;白菜叶洗净,切成小条;鲜蚕豆择洗干净。

2. 净锅置火上,加入植物油烧热,下入洋葱末炒出香味,再下入火腿片煸炒一下。

3. 然后添入高汤,下入白菜条、鲜蚕豆、精盐、鸡精、柠檬汁煮10分钟,出锅装碗即成。

养生功效

火腿内含丰富的蛋白质和适度的脂肪,十多种氨基酸、多种维生素和矿物质,可为人体提供丰富的营养,有强身健体、保健长寿的功效。

材料

干鱿鱼 ············· 150克　　胡椒粉 ··········· 1/2小匙

菠菜心 ············· 50克　　味精 ············· 1小匙

精盐 ············· 1/2小匙　　清汤 ············· 500克

玻璃鱿鱼

鱿鱼　咸鲜味　2小时

养生功效

　　鱿鱼对肝脏具有解毒、排毒功效,有助于身体抗疲劳。鱿鱼还有调节血压、保护神经纤维活化细胞的作用。

做法

1. 干鱿鱼用温水浸泡1小时,洗净,去掉头须,片成薄片,放入碗内,再用温水洗净。

2. 菠菜心洗净,放入沸水锅中余烫至熟,捞出沥水,放入汤碗中,再放入鱿鱼片余烫几次,捞出沥水,盖在菠菜心上。

3. 锅置火上,添入清汤烧沸,加入胡椒粉、精盐、味精调味,出锅倒入鱿鱼碗中即成。

雪菜黄豆炖鲈鱼

🐟鲈鱼　🥣咸香味　⏰2小时

材料

净鲈鱼 …… 1条(约750克)
猪肉末 ………… 30克
咸雪菜、黄豆 …… 各15克
青椒、红椒 …… 各少许
姜末 ………… 5克
精盐、白糖 …… 各1小匙
胡椒粉 ………… 1/2小匙
植物油 ………… 适量

做法

1. 咸雪菜用清水浸泡并洗净,切成碎末;青椒、红椒分别去蒂,洗净,均切成碎末;黄豆用清水泡软。

2. 鲈鱼洗净,剞上花刀,再用少许精盐抹匀略腌,然后放入热油中煎至金黄色,捞出沥油。

3. 锅中留底油烧热,下入猪肉末、姜末、青椒末、红椒末炒香,再添入清水,放入鲈鱼、黄豆炖至汤色乳白,然后加入精盐、白糖、胡椒粉调味,装碗即可。

葱椒鲜鱼条

🐟草鱼　🥢葱椒味　⏱50分钟

材料

活草鱼 …… 1条(约1000克)

红椒丝 …………… 15克

葱段 ……………… 25克

姜片 ……………… 15克

精盐 ……………… 1小匙

味精 ……………… 2小匙

白糖、料酒 …… 各3大匙

香油 ……………… 2大匙

鸡汤 …………… 500克

植物油 …………… 适量

做法

1. 草鱼宰杀，去鳞、去鳃、除内脏，洗涤整理干净，再从背部剔去鱼骨，取净鱼肉。

2. 鱼肉切成长条，用葱段、姜片、精盐、料酒拌匀，腌渍30分钟，下入热油中炸至熟透，捞出。

3. 锅中留底油，复置火上烧热，先放入白糖、精盐、料酒、鸡汤烧沸，再下入鱼条调匀。

4. 改用小火烧热，待锅内汤汁浓稠时，加入少许葱段、红椒丝炒匀，淋入香油，出锅装盘即成。

材料

鲳鱼 …………………… 600克	精盐 ………………… 2小匙
青椒片、红椒片 … 各20克	味精、胡椒粉 … 各少许
葱段 …………………… 30克	鱼露、淀粉 …… 各1大匙
姜丝 …………………… 15克	植物油 ………………… 适量

白汁鲳鱼片

🐟 鲳鱼 🍜 鲜香味 ⏰ 一刀分钟

做法

1. 将鲳鱼洗净，去骨取肉，切成片，放入碗中，加入淀粉拌匀上浆。

2. 再撒上姜丝，放入蒸锅中，用旺火蒸约8分钟，取出，淋上烧至九成热的植物油。

3. 锅中加入植物油烧热，先下入青椒片、红椒片、葱段炒香。

4. 再加入鱼露、胡椒粉、精盐、味精炒匀，出锅浇在鱼身上即可。

酸辣笔筒鱿鱼

🐟 鱿鱼　🍵 酸辣味　⏰ 10分钟

材料

水发鱿鱼 ………… 300克

猪肉末 …………… 50克

四川泡菜 ………… 25克

味精 ………………… 少许

酱油 ………………… 2大匙

白醋、水淀粉 … 各适量

泡辣椒、清汤 … 各适量

植物油 …………… 适量

做法

1. 将鱿鱼撕去外膜，去头及内脏，洗净沥干，再剞上十字花刀，切成长方形片。

2. 将鱿鱼放入沸水中焯烫成笔筒状，再加入泡菜、水淀粉腌渍入味，下入八成热油中烫熟，捞出沥油。

3. 锅中留底油烧热，先下入肉末、泡辣椒炒香，再放入鱿鱼，加入酱油、米醋、味精炒匀，然后添入清汤烧开，用水淀粉勾芡，即可出锅。

鸡蛋黏米糕

🌏 糯米粉　🍚 香甜味　⏰ 60分钟

材料

糯米粉·············· 250克

黄米粉·············· 150克

鸡蛋···················· 4个

白糖·················· 200克

蜂蜜·················· 1大匙

牛奶·················· 250克

吉士粉················· 15克

植物油················· 少许

做法

1. 将糯米粉、黄米粉放入容器内，磕入鸡蛋调匀，再加入白糖、蜂蜜、牛奶和吉士粉揉搓均匀成粉团，盖上湿布，饧20分钟。

2. 取梅花模具1个，刷上植物油，放入少许粉团并抹平，翻扣在案板上成鸡蛋黏米糕生坯。

3. 箅子上刷上一层植物油，放上鸡蛋黏米糕生坯，再放入蒸锅内，旺火蒸10分钟至熟，离火出锅，装盘上桌即成。

鸡肉烧卖

面粉 ～ 咸香味 40分钟

①

②

③

材料

面粉	400克	料酒、精盐	各2小匙
鸡胸肉	300克	味精、五香粉	各1小匙
葱末	25克	淀粉	适量
姜末	15克	高汤、香油	各适量

做法

1. 鸡胸肉剔去筋膜，剁成末，加上葱末、姜末、料酒、精盐、味精、五香粉、高汤和香油，充分搅拌均匀成馅料。

2. 面粉加入沸水烫好，晾凉，揉成面团，略饧，搓成长条，揪成剂子，撒上淀粉按扁，擀成荷叶状，包入少许馅料成烧卖生坯。

3. 将烧卖生坯摆入蒸锅内，用旺火蒸10分钟至熟，取出装盘即成。

自制比萨饼

🌀面粉 🍲咸鲜味 ⏰40分钟

材料

发酵面粉 ············· 250克

牛肉 ·················· 75克

火腿 ·················· 25克

红、黄柿子椒 ······ 各15克

洋葱 ·················· 10克

精盐 ·················· 1小匙

白糖 ················· 1/2小匙

胡椒粉 ················ 少许

番茄酱 ················ 2小匙

奶酪丝 ················ 2小匙

比萨草 ················ 适量

植物油 ················ 适量

做法

1. 发酵面粉放入容器内,加入清水、白糖、精盐和植物油揉匀成面饼,用保鲜膜包好,略饧片刻。

2. 红、黄柿子椒、洋葱、牛肉、火腿分别切成丁;番茄酱中加入比萨草、胡椒粉、白糖、精盐拌匀,和洋葱丁一起煸炒制成比萨汁。

3. 烤盘刷油,放面饼摊平,浇上比萨汁,撒上奶酪丝、彩椒、火腿丁、牛肉,入烤箱烤熟即成。

养生功效

小麦中含有的糖类可以帮助蛋白质和脂肪的代谢,提供人体所需的热量,维持大脑和神经系统的正常运作,刺激人的思维活动,有醒脑、健脑的功效。

材料

鱿鱼	250克	姜片、葱花	各5克
大米	100克	精盐、味精	各2小匙
花生仁	75克	生抽、胡椒粉	各1小匙
红枣	50克	猪骨汤	适量
咸菜	25克		

花生鱿鱼粥

大米 · 醇香味 · 2小时

养生功效

大米可防过敏性疾病。因为大米所供养的红细胞生命力强，又无异体蛋白进入血流，故能防止一些过敏性皮肤病的发生。

做法

1. 大米淘洗干净；鱿鱼去掉杂质，洗净，剖上花刀，切成块，倒入沸水中焯烫一下，捞出。

2. 花生仁用温水浸泡至软，捞出沥水，剥去外膜；咸菜用水浸淡，切成末。

3. 锅中加入清水、姜片、花生仁、大米、鱿鱼、红枣烧沸，再转小火熬煮2小时。

4. 然后加入精盐、味精、生抽、胡椒粉和咸菜末煮至粥稠，撒上葱花即成。

叉烧什锦饭

🍚米饭 🍲咸鲜味 ⏰10分钟

材料

白米饭 ············· 150克
瘦猪肉 ············· 100克
鸡蛋 ··············· 1个
叉烧肉 ············· 50克
水发木耳 ··········· 50克
蟹柳、芥蓝 ······· 各适量
葱末、姜末 ······· 各10克
精盐、味精 ······· 各少许
料酒、酱油 ······· 各1小匙
白糖 ············· 1/2小匙
植物油 ············· 2大匙

做法

1. 猪肉洗净,切成丝,加入植物油、料酒、酱油、白糖煸炒至熟。

2. 鸡蛋放入锅内摊成鸡蛋皮,取出切丝;叉烧肉、水发木耳、蟹柳切丝;芥蓝切成片。

3. 锅中加油烧至七成热,下入猪肉丝、蛋皮丝、叉烧肉、木耳、蟹柳、芥蓝、葱末、姜末炒香,再加入白米饭、精盐、味精炒匀即成。

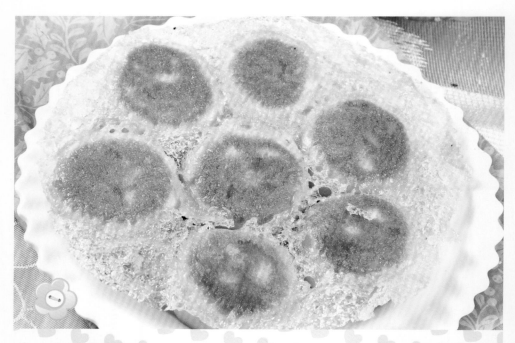

水煎包

面粉 咸鲜味 60分钟

材料

面粉························ 500克
白菜、猪肉馅 ··· 各250克
酵母粉················· 10克
葱末、姜末 ······ 各少许
精盐、味精 ··· 各1/3小匙
酱油、料酒 ··· 各1/2大匙
白糖·················· 1/2小匙
香油·················· 适量
植物油··············· 125克

做法

1. 取少许面粉放入碗中,加入清水调匀成面粉浓浆;酵母粉放入盆内,加入清水、面粉揉匀成面团,饧30分钟。

2. 白菜去根,洗净,下入沸水中烫透,捞出冲凉、剁碎,挤干水分,加入猪肉馅、葱末、姜末调匀,再加入精盐、酱油、料酒、白糖、香油、味精搅成馅料。

3. 把面团搓条,每25克下1个剂,擀成圆皮,包入馅料,捏褶收口成包子生坯。

4. 平底锅加油烧热,摆入包子生坯,淋入清水、面粉浆,盖严盖,煎焖至熟,待浆水结成薄皮时,淋入明油略煎,即可出锅。

材料

特级面粉	350克	葱花	10克
面肥	200克	精盐、料酒	各2小匙
食用碱	3克	白糖	2小匙
猪五花肉	450克	酱油	3大匙
肉皮冻粒	150克	味精、熟猪油	各少许
姜末	20克		

小笼馒头

🍲 面粉 ～ 咸鲜味 🕐 50分钟

养生功效

小麦中含有的糖类可以帮助蛋白质和脂肪的代谢，提供人体所需的热量，维持大脑和神经系统的正常运作，刺激人的思维活动，有醒脑、健脑的功效。

做法

1. 将面粉倒入盆中，加入温水及面肥揉匀，加入食用碱水，揉成光滑软韧的面团，稍饧。

2. 猪五花肉洗净，剁碎，加入白糖、料酒、精盐、酱油、味精、葱花、姜末、肉皮冻粒拌匀成肉馅。

3. 将面团搓成条，下成剂子，擀成圆片，包入肉馅，捏成15~17个褶纹，制成馒头生坯。

4. 笼内刷上熟猪油，放入馒头生坯，上火蒸熟，取出即成。

Part 4

养肾补益 冬季菜

酥炸芝麻大虾

大虾 🍲 鲜香味 ⏱ 15分钟

材料

大虾·················· 500克

白芝麻············· 100克

鸡蛋················· 1个

精盐、料酒 ····· 各2小匙

味精··············· 1/2小匙

面粉··············· 2大匙

植物油············ 1000克

做法

1. 大虾去壳、去沙线,留下头、尾,洗净,再从背部片开(腹部相连);鸡蛋磕入碗中搅匀成鸡蛋液。

2. 把大虾放在案板上,用擀面杖捶成虾片,然后加入精盐、料酒、味精拌匀,腌渍入味。

3. 将腌渍好的大虾片拍匀少许面粉,挂匀一层鸡蛋液,最后裹匀一层白芝麻成芝麻大虾生坯。

4. 炒锅置火上,加入植物油烧至五成热,放入芝麻大虾生坯炸至金红色,捞出沥油,装盘即可。

材料

冻豆腐 …… 1块(约600克)	花椒 …… 6粒
鸭血 …… 150克	白糖 …… 1小匙
卤大肠 …… 80克	酱油、豆瓣酱 …… 2小匙
青蒜 …… 30克	植物油 …… 1大匙
红辣椒片 …… 20克	高汤 …… 500克

黑白冻豆腐

冻豆腐／咸鲜味／30分钟

养生功味

冻豆腐中含有丰富的不饱和脂肪酸,有降低胆固醇的作用,其中的卵磷脂在人体内形成胆碱,有防止动脉硬化的效果。

做法

1. 将冻豆腐化开,切成小块,挤净水分;青蒜择洗干净,切成斜片,分开蒜青、蒜白。

2. 将卤大肠切成小段;鸭血洗净,切成小块,放入沸水锅中略焯一下,捞出、沥干水分。

3. 锅中加入植物油烧热,先下入花椒炸香,再放入蒜白、大肠、冻豆腐略炒,然后加入鸭血、蒜青、红辣椒片调匀。

4. 再加入白糖、酱油、豆瓣酱、高汤烧沸,转小火烧焖约10分钟至入味,出锅装碗即成。

菠菜桃仁拌羊肝

🍲 菠菜　🍜 咸鲜味　⏱ 45分钟

材料

菠菜…………… 200克
羊肝…………… 100克
炸桃仁………… 50克
蒜末、姜末 …… 各10克
精盐…………… 1小匙
米醋、香油 … 各1/2小匙

做法

1. 将菠菜择洗干净，放入沸水锅中略焯一下，捞出冲凉，沥干水分，切成小段。

2. 羊肝洗涤整理干净，放入沸水锅中，加入少许精盐煮熟，捞出沥干，切成细丝。

3. 将菠菜、羊肝一同放入碗中，加入姜末、蒜末、精盐、米醋调拌均匀至入味，淋入香油，撒上炸桃仁，即可上桌食用。

养生功效

　菠菜中含有大量的植物粗纤维，有促进肠道蠕动的作用，利于排便，且能促进胰腺分泌，帮助消化，因此对于痔疮、慢性胰腺炎、便秘、肛裂等病症有治疗作用。

葱油羊腰片

🐟羊腰 🍲葱油味 ⏱20分钟

材料

羊腰子 ············· 500克

香菜段 ············· 少许

葱丝、姜丝 ······ 各10克

红干椒丝 ············· 15克

精盐、料酒 ··· 各1/2小匙

豉油 ············· 2大匙

淀粉 ············· 适量

葱油 ············· 3大匙

植物油 ············· 750克

做法

1. 羊腰子洗涤整理干净,切成片,加入精盐、料酒腌渍2分钟,再加入淀粉拌匀。

2. 锅中加入植物油烧至四成热,下入羊腰片滑散至熟,捞出沥油,装入盘中。

3. 将豉油浇在羊腰片上,再撒上葱丝、姜丝、红干椒丝及香菜段,淋入葱油即成。

腐竹羊肉煲

羊肉 · 咸鲜味 · 90分钟

材料

羊肉	400克	精盐	2小匙
油菜心	100克	味精、胡椒粉	各1/2小匙
腐竹	50克	酱油、香油	各1小匙
葱花、姜末	各5克	鲜汤	750克
红干椒	5克	植物油	3大匙

做法

1. 羊肉洗净,切块,放入清水锅中煮至八分熟,捞出冲净;腐竹用清水泡发,切成小段;油菜心洗净。

2. 净锅置火上,加入植物油烧热,先下入红干椒炸香,再放入羊肉块、葱花、姜末炒匀。

3. 倒入鲜汤煮沸,然后加入酱油、精盐、味精、胡椒粉调匀,转小火炖煮25分钟至熟。

4. 再放入腐竹段、油菜心略煮几分钟,倒入烧热的砂煲中,淋入香油,即可上桌食用。

红油扁豆

🍲扁豆 🥄香辣味 ⏰15分钟

材料

扁豆 ·················· 400克
姜末 ·················· 10克
红干椒段 ············· 5克
精盐、味精 ······ 各适量
植物油 ·············· 适量
香油 ·················· 1小匙

做法

1. 将红干辣椒段洗净,加入姜末拌匀,倒入烧热的植物油搅匀成辣椒油。

2. 将扁豆择去两头尖角及边筋,用清水洗净,斜切成小段。

3. 锅中加入清水烧沸,下入扁豆段焯熟,捞出冲凉,放入大碗中,加入适量精盐、味精,淋入香油、辣椒油拌匀即成。

养生功效

扁豆中含有丰富的B族维生素、维生素C和植物蛋白质,能使人头脑宁静,调理消化系统,消除胸膈胀满,可防治急性肠胃炎、呕吐腹泻等。

材 料

猪排骨 ·············· 750克	精盐 ·············· 1/2大匙
木瓜 ········· 1个(约500克)	味精 ·············· 1小匙
人参 ········· 1根(约50克)	鸡精 ·············· 1大匙

木瓜炖猪排

排骨 咸鲜味 2小时

养生功效

排骨中除了含有氨基酸以及蛋白质外,还含有丰富的微量元素钾,钾能调节体内水分代谢,有通利小便,消除水肿的效果。

做 法

1. 猪排骨洗净,剁成大小均匀的段,再放入清水锅中烧沸,焯煮10分钟,捞出冲净,沥干水分。

2. 将木瓜洗净,削去外皮,去掉瓜瓤,切成菱形大块;人参用牙刷刷洗干净,再放入温水中泡软。

3. 锅内加入清水、排骨段、人参、木瓜块烧沸,转小火炖1小时至熟,加入精盐、味精、鸡精炖至入味,即可装碗上桌。

白果炝腰花

🐷猪腰 🍲鲜香味 ⏰25分钟

材料

猪腰 ················· 300克

黄瓜片 ············· 50克

净白果 ············· 30克

冬笋片 ············· 20克

胡萝卜片 ··········· 20克

水发木耳块 ········ 15克

花椒、姜末 ······ 各10克

味精 ················· 少许

酱油 ················· 1大匙

米醋 ················· 4小匙

料酒、香油 ······ 各1小匙

做法

1. 猪腰剔去腰臊,洗净,剞上花刀,切成块,放入沸水内焯烫一下,捞出过凉、沥水。

2. 锅中加水烧沸,放入木耳、白果、冬笋略焯,捞出沥水,同黄瓜片、猪腰花一起放入碗内,加入姜末、米醋、酱油、料酒、味精调匀。

3. 锅中加入香油烧热,下入花椒炒香出味,捞出不用,出锅浇在腰花上拌匀即可。

豆瓣烧牛肉

🐄牛肉　🍲咸鲜味　⏱60分钟

材料

牛肉……………… 750克

白萝卜、胡萝卜… 各100克

香料包…………… 1个

(桂皮、花椒各5克，八角2粒)

葱段、姜丝 …… 各10克

郫县豆瓣………… 3大匙

精盐……………… 1小匙

白糖……………… 2小匙

料酒……………… 1大匙

植物油…………… 150克

做法

1. 牛肉洗净，切成小块，用沸水略焯，捞出、冲净；胡萝卜、白萝卜分别去皮，洗净，切成花片。

2. 净锅置火上，加入少许植物油烧热，下入白糖炒至溶化，加入适量清水烧煮片刻，出锅成糖色。

3. 锅中加油烧热，先下入豆瓣炒香，再加入少许清水煮3分钟，然后捞去豆渣，放入糖色和牛肉块炒上颜色。

4. 加入葱段、姜丝、料酒、精盐、香料包，小火烧至熟烂，再加入胡萝卜片、白萝卜片烧熟即可。

材料

带皮五花肉	1块	酱油、蜂蜜	各少许
四川芽菜段	200克	白糖	少许
青蒜段	少许	味精	1小匙
葱段、姜片	各10克	豆瓣酱	适量
八角、花椒粒	各5克	植物油	适量

咸烧白

五花肉 / 咸香味 / 2小时

养生功效

五花肉中的瘦肉含有丰富的蛋白质、维生素B₁和必需的脂肪酸,可为人体提供丰富的营养,经常食用有强身健体、保健长寿的效果。

做法

1. 将带皮五花肉洗净,放入沸水锅中煮至八分熟,捞出五花猪肉,趁热在肉皮处抹上酱油、蜂蜜。

2. 锅置火上,加入植物油烧热,下入五花肉炸至金黄色,捞出晾凉,切成大片,码入大碗中。

3. 锅中留底油,复置火上烧热,先下入四川芽菜段、豆瓣酱、青蒜段略炒,出锅倒入盛有猪肉片的大碗中。

4. 再加入酱油、白糖、味精、葱段、姜片、八角、花椒粒,入锅蒸1.5小时至熟烂,扣入盘中即可。

香辣红干

胡萝卜　　香辣味　　5天

材料

咸胡萝卜干(红干)… 500克
甜面酱 ………… 100克
香油 …………… 少许
辣椒油 ………… 适量

做法

1. 将咸胡萝卜干用清水浸泡5小时，以去掉部分咸味(浸泡时应间歇地上下搅拌，期间换水2~3次)，泡好后取出，挤干水分。

2. 将胡萝卜干铺放在箅子上，置于室外晾晒2天，然后投入甜面酱缸内，酱腌3天。

3. 食用时取出胡萝卜干，切成小块，加上香油、辣椒油拌匀，装盘上桌即可。

养生功效

近代营养学家经过研究证实：每天吃两根胡萝卜，可使血中胆固醇降低10%~20%；每天吃三根胡萝卜，有助于预防心脏疾病和肿瘤。

手抓酱骨头

🍖猪腿骨 🍲酱香味 ⏰2小时

材料

猪后腿骨	1500克
姜段、葱块	各10克
八角	10克
桂皮、香叶	各少许
草果	少许
精盐	1小匙
酱油	2小匙
味精	1大匙
老汤	400克
冰糖	20克
红曲米	5克
排骨酱	2大匙

做法

1. 将猪后腿骨从中间砍成两段,用清水漂洗干净,再放入沸水锅内汆烫5分钟,捞出。

2. 锅中加入清水、老汤、姜段、葱块、八角、桂皮、香叶、草果、精盐、酱油、味精、冰糖、红曲米和排骨酱熬煮30分钟成酱汁。

3. 放入猪腿骨,用小火酱至熟香,离火晾凉,装盘上桌即可。

麻香土豆条

土豆 ● 麻辣味 ● 25分钟

材料

土豆	500克	精盐、味精	各1/2小匙
面粉、白芝麻	各100克	淀粉	3大匙
鸡蛋	2个	吉士粉、香油	各1小匙
香葱段、红干椒	各15克	植物油	1000克

做法

1. 鸡蛋磕入碗中，加入吉士粉、面粉、淀粉和少许清水调成面糊；红干椒洗净，去蒂及籽，切成小段。

2. 土豆去皮，洗净，切成5厘米长的小条，再放入沸水锅中焯至熟透，捞出、沥干。

3. 将土豆条裹上面糊，均匀地沾上一层白芝麻，放入热油锅内炸至金黄色，捞出沥油，装入大盘中。

4. 锅中留底油烧热，下入红干椒段、香葱段、精盐、味精炒匀，淋入香油，出锅倒在土豆条上即可。

香酥萝卜丸子

🍲 萝卜　🥣 鲜香味　⏰ 30分钟

材料

白萝卜 ············ 300克

鱼肉蓉 ············ 100克

馒头 ·············· 75克

精盐 ·············· 2小匙

味精 ·············· 1小匙

鸡精 ············· 1/2小匙

白胡椒粉 ··········· 少许

料酒 ·············· 2大匙

植物油 ·············· 适量

做法

1. 白萝卜去皮，切成小粒，加入少许精盐抓匀，再挤干水分；馒头切成小粒。

2. 将白萝卜粒、鱼肉蓉放在容器内，加入精盐、味精、鸡精、白胡椒粉、料酒搅拌起劲，挤成丸子，蘸匀馒头粒并轻轻压实成丸子生坯。

3. 锅置火上，加入植物油烧至三成热，放入萝卜丸子生坯，慢火炸至全部浮起，捞出。

4. 待锅内油温升高后，再放入萝卜丸子炸金黄色，取出装盘即可。

养生功效

萝卜中含有丰富的维生素C和微量元素锌，有助于增强机体的免疫功能，提高抗病能力。萝卜中的芥子油能促进胃肠蠕动，增加食欲，帮助消化。

材料

大虾	500克	精盐	1小匙
红干椒	50克	味精	1/2小匙
香葱段	25克	料酒、糖色	各2小匙
姜末	10克	高汤、植物油	各适量

葱辣大虾

大虾 · 香辣味 · 20分钟

养生功效

海虾不但含有丰富的蛋白质、脂肪、微量元素(磷、锌、钙、铁等)和氨基酸等对人体有益的物质,还含有大量的激素,尤其适合男性食用,被誉为补肾佳品。

做法

1. 大虾洗净,在背部划一刀,挑除沙线,再用淡盐水洗净,取出,沥干水分;红干椒洗净,去蒂及籽,切成小段。

2. 净锅置火上,加入植物油烧至八成热,把大虾加入少许精盐、味精拌匀,放入油锅内冲炸一下,捞出沥油。

3. 锅中放入红干椒段炒香,放入大虾、高汤、香葱段、姜末、料酒、精盐、味精和糖色,旺火炒至收汁,出锅装盘即可。

泡椒炒魔芋

🍲 魔芋　🥢 香辣味　⏰ 20分钟

材料

魔芋…………………… 400克

猪肉…………………… 100克

红泡椒………………… 50克

鲜香菇、青椒 … 各25克

葱丝、姜丝 …… 各10克

精盐、鸡精 …… 各1小匙

胡椒粉………… 1/2小匙

辣椒油…………… 2小匙

植物油…………… 2大匙

做法

1. 猪肉洗净，切成细丝；香菇去蒂，洗净，青椒去蒂及籽，均切成细丝；魔芋洗净，切成小条，再放入沸水中焯烫一下，捞出沥干。

2. 锅中加植物油烧至七成热，下入红泡椒、葱丝、姜丝炒香，再放入猪肉丝炒至变色。

3. 然后加入魔芋条、香菇丝、青椒丝、精盐、胡椒粉、鸡精炒熟，再淋入辣椒油即成。

鱼香白菜卷

白菜心　　鱼香味　　15分钟

材料

白菜心 …………… 300克
青椒、红椒 …… 各25克
葱花 ……………… 15克
姜末 ……………… 5克
蒜片 ……………… 10克
精盐、酱油 …… 各1小匙
白糖、米醋 …… 各2小匙
辣椒油 …………… 2大匙
植物油 …………… 适量

做法

1. 将白菜心切除根部，洗净，再用牙签串在一起，放入漏勺中；青椒、红椒分别去蒂、去籽，洗净，均切成末。

2. 锅中加植物油烧热，淋在白菜心上浸烫至熟，取下牙签，摆在盘中呈塔形，再撒上青椒末、红椒末。

3. 锅中留底油烧热，先下入葱花、姜末、蒜片炒出香味，再添入少许清水烧沸。

4. 加入精盐、酱油、白糖、米醋、辣椒油炒匀成味汁，出锅浇在白菜心上即可。

材料

猪大肠… 1根(约500克)	料酒、水淀粉 … 各1大匙
大葱…………… 100克	酱油、花椒油 … 各2大匙
精盐…………… 1小匙	清汤、植物油 … 各适量
味精…………… 少许	

葱烧大肠

猪大肠 · 葱香味 · 8分钟

养生功效

猪大肠中含有的蛋白质和多种氨基酸,可为人体提供优质的蛋白质和营养素,经常食用可强身健体,使人肌肤光泽、健美。

做法

1. 将猪大肠去除脂油及污物,反复冲洗干净,再放入沸水锅中焯烫一下,捞出、冲净;大葱取葱白部分,切成小段。

2. 锅中加入清水、酱油、精盐、大肠烧沸,捞出晾凉,用味精、料酒略腌,然后下入九成热油中炸至枣红色,捞出、切段。

3. 锅中留底油烧热,下入葱白段炒香,添入清汤,加入精盐、味精、大肠烧至入味,用水淀粉勾芡,淋入花椒油,出锅即可。

红烧猪尾

🐷猪尾　🍲咸香味　⏱60分钟

材料

猪尾······················· 500克
胡萝卜、土豆 ··· 各100克
葱段、姜片 ······ 各适量
蒜片····················· 适量
八角、花椒 ······ 各少许
精盐······················· 1小匙
白糖······················· 2大匙
水淀粉··················· 4小匙
酱油、料酒 ······ 各1大匙
植物油··················· 3大匙

做法

1. 猪尾刮洗干净，斩去尾尖，切成段；胡萝卜、土豆分别去皮，洗净，均切菱形片，用沸水焯熟，捞出。

2. 锅置火上，加入适量清水，放入八角、葱段、姜片、花椒、猪尾段烧沸，转小火煮至熟烂，捞出。

3. 锅置火上，加入植物油烧热，放入蒜片、猪尾段、胡萝卜片、土豆片，加入调料、适量汤汁烧沸。

4. 转小火烧至入味，用水淀粉勾芡，淋入明油，出锅装盘即成。

养生功效

　　胡萝卜中含有植物纤维，吸水性强，在肠道中体积容易膨胀，是肠道中的"充盈物质"，可加强肠道的蠕动，从而利膈宽肠，通便防癌。

凤尾大虾

🐟大虾 🍲鲜香味 ⏰30分钟

材料

大虾 ·················· 400克

面包渣 ·············· 100克

鸡蛋 ·················· 2个

净生菜叶 ············ 适量

玉米淀粉 ············ 3大匙

精盐 ·················· 1小匙

味精 ·················· 少许

料酒、姜汁 ········ 各1大匙

植物油、香油 ······ 各适量

做法

1. 大虾去头及壳，留尾，去沙线，从虾背处用刀片开，轻剞花刀，加入精盐、料酒、味精、姜汁、香油腌渍入味；鸡蛋放碗内打散。

2. 把腌好的大虾逐个拍上玉米淀粉，挂一层鸡蛋液，蘸满面包渣，用手轻拍粘实。

3. 锅中加油烧热，逐个放入大虾炸至金黄色，捞出沥油，码入盘中，围上净生菜叶即成。

黄焖羊肉

羊肉 · 咸香味 · 60分钟

材 料

羊腩肉 …………… 300克	酱油 ……………… 2大匙
芋头 …………… 150克	甜面酱、香油 … 各1小匙
葱花、姜末 …… 各少许	花椒粉 ………… 各少许
八角 …………… 少许	水淀粉 ………… 2大匙
精盐、味精 … 各1/2小匙	清汤、植物油 … 各适量
白糖 …………… 1大匙	

做 法

1. 羊腩肉洗净血污,切成大块,放入清水锅中,用中小火煮熟,捞出、冲净。

2. 芋头去皮,洗净,切成滚刀块,再放入热油锅中炸至金黄色,捞出沥油。

3. 锅中留底油烧热,下入葱花、姜末、八角炒香,再放入甜面酱、酱油、精盐、白糖、花椒粉、味精炒匀。

4. 添入清汤烧沸,加入羊肉块、芋头块,小火焖至熟烂,用水淀粉勾芡,淋入香油,出锅即成。

梅菜蒸肉饼

猪肉馅　咸香味　25分钟

材料

猪肉馅 …………… 250克
梅干菜 …………… 150克
鸡蛋 ……………… 1个
青椒粒 ……………… 少许
红椒粒 ……………… 少许
葱花 ………………… 5克
精盐 ……………… 1小匙
味精、白糖 … 各1/2小匙
料酒、淀粉 …… 各1大匙
生抽、植物油 … 各2大匙

做法

1. 梅干菜用清水泡软，切去老根，剁成碎末；猪肉馅加入少许精盐、味精、料酒、鸡蛋液、淀粉拌匀，制成饼状，放入盘中。

2. 锅中加植物油烧热，下入梅干菜煸炒，再加入生抽、白糖、精盐、味精、料酒炒匀，倒在肉饼上。

3. 蒸锅加入清水烧沸，放入梅菜肉饼蒸熟，取出，撒上葱花、青椒粒、红椒粒即成。

养生功效

猪肉馅中的瘦肉含有丰富的蛋白质、维生素B₁和必需的脂肪酸，可为人体提供丰富的营养，有强身健体、养颜美容、保健长寿的效果。

材料

鲜金针菇……………	350克	香油……………	少许
肥牛肉片…………	300克	豆瓣酱…………	2大匙
精盐……………	2小匙	高汤…………	1000克
味精、鸡精……	各1小匙	植物油…………	1大匙
蒜蓉辣酱………	少许		

金菇煲肥牛

金针菇 · 咸鲜味 · 10分钟

养生功效

金针菇菌柄中含有一种蛋白,可以抑制哮喘、鼻炎、湿疹等过敏性病症,没有患病的人也可以通过吃金针菇来加强免疫系统。

做法

1. 将鲜金针菇去掉根,用清水洗净,沥净水分,分成小朵,再放入沸水锅中焯煮至透,捞出、过凉,沥干水分。

2. 坐锅点火,加入植物油烧热,先下入豆瓣酱、蒜蓉辣酱炒出香味,再添入高汤,放入精盐、味精、鸡精烧沸。

3. 然后下入金针菇、肥牛肉片煮约2分钟,待汤汁再次烧沸时,撇去表面浮沫,盛入汤碗中,淋入香油即可。

腊味合蒸

◎腊肉 ☕咸香味 ⏰30分钟

材料

腊肠、腊肉 ······ 各200克

红干椒 ················ 25克

大葱、姜块 ·········各15克

精盐 ·················· 少许

料酒 ················· 1大匙

香油 ················· 2大匙

做法

1. 大葱、姜块、红干椒分别洗净,均切成丝;腊肠、腊肉刷洗干净,沥净水分,切成薄厚均匀的片状,码放入碗中。

2. 再加入料酒、精盐和少许香油,放入蒸锅中蒸至熟嫩,取出,扣入盘中,撒上葱丝、姜丝和红干椒丝。

3. 净锅置火上,加入香油烧至八成热,出锅浇淋在腊肠片、腊肉片上即成。

胡萝卜炖羊腩

🐏羊腩肉　🍵咸鲜味　⏰90分钟

材料

羊腩肉 …………… 350克

胡萝卜 …………… 150克

大葱 ……………… 15克

姜块 ……………… 10克

精盐 ……………… 1小匙

味精 ……………… 1/2小匙

胡椒粉 …………… 1/2小匙

料酒 ……………… 2大匙

清汤 ……………… 750克

植物油 …………… 3大匙

做法

1. 将羊腩肉去筋膜，洗净，切成小块，放入沸水锅中焯透，捞出、冲净。

2. 胡萝卜去皮，洗净，切成菱形大块；大葱去根和老叶，洗净，切成段；姜块去皮，切成片。

3. 坐锅点火，加入植物油烧至四成热，先下入葱段、姜片炒出香味，再添入清汤，放入羊腩肉炖至八分熟。

4. 然后加入胡萝卜块、料酒、精盐、味精，小火炖至熟烂，再撒入胡椒粉调匀，即可出锅装碗。

材料

鹅肉	500克	精盐	1小匙
土豆	300克	味精	1/2小匙
葱花	15克	酱油	1大匙
姜片	5克	料酒	4小匙
八角	1粒	葱油	3大匙

大鹅焖土豆

鹅肉 咸香味 90分钟

做法

1. 鹅肉洗净，剁成大块，放入沸水锅中焯烫一下，捞出沥干；土豆去皮，洗净，切成滚刀块。

2. 坐锅点火，加入葱油烧热，先下入葱花、姜片、八角炒香，再放入鹅肉块煸干水分。

3. 然后烹入少许料酒，添入适量清水，加入酱油调拌均匀，再用中火焖煮至鹅肉块将熟。

4. 放入精盐、土豆块续焖至土豆熟软，最后用味精调好口味，出锅装入盘中，撒上葱花即可。

茶树菇焖排骨

排骨　咸香味　60分钟

材料

排骨段	350克
茶树菇	100克
芦笋	50克
花生	少许
葱段、姜丝	各10克
精盐、白糖	各1小匙
酱油	1小匙
料酒	1大匙
植物油	3大匙

做法

1. 将茶树菇放入温水泡透,择洗干净,沥去水分;芦笋洗净,切成小段。

2. 锅中加植物油和白糖炒溶化,放入排骨段炒至上色,再加入料酒、酱油、精盐炒匀,盛出。

3. 净锅加入少许植物油烧热,下入葱段、姜丝煸香,再放入茶树菇,加入适量清水。

4. 然后放入花生和煸炒的排骨,倒入砂锅中焖煮30分钟,再放入芦笋段焖5分钟即可。

养生功效

排骨中除了含有氨基酸以及蛋白质外,还含有丰富的微量元素钾,钾能调节体内水分代谢,有通利小便,消除水肿的效果。

牙签羊肉

🔥 羊腿肉　🍲 咸香味　⏰ 40分钟

材料

羊腿肉 ··············· 400克

芝麻 ················· 25克

鸡蛋 ················· 1个

姜末 ················· 10克

孜然、辣椒粉 ··· 各1小匙

精盐、嫩肉粉 ··· 各2小匙

味精、鸡精 ······ 各少许

胡椒粉 ··············· 适量

淀粉 ················· 4小匙

香油、料酒 ······ 各1大匙

植物油 ··· 750克(约耗50克)

做法

1. 羊腿肉洗净,切成小块,加上姜末、孜然、辣椒粉、精盐、味精、鸡精、胡椒粉拌匀。

2. 再加入料酒、鸡蛋液、嫩肉粉和淀粉搅匀,腌渍30分钟至入味,用牙签穿起成小串。

3. 锅置火上,加入植物油烧至六成热,下入穿好的羊肉炸至金黄色,捞出沥油,装盘上桌即可。

干煸牛肉丝

牛脊肉 · 香辣味 · 20分钟

材料

牛里脊肉 …………	300克	白糖、酱油 …	各1/2小匙
芹菜 …………	75克	淀粉 …………	5大匙
红干椒 …………	25克	花椒油 …………	2小匙
精盐、味精 ……	各1小匙	植物油 …………	适量

做法

1. 牛里脊肉去筋膜,洗净,切成细丝,再拍匀淀粉,下入七成热油中冲炸一下,捞出沥油。

2. 芹菜择洗干净,切成小段;红干椒洗净,去蒂及籽,切成细丝。

3. 锅中留底油烧热,先下入红干椒丝、芹菜段炒香,再加入牛肉丝煸炒至酥香。

4. 然后加入精盐、白糖、酱油炒匀,再放入味精,淋入花椒油翻炒均匀,出锅装盘即可。

葱姑焖牛肉

🍲牛肉 🍜咸鲜味 ⏰60分钟

材料

牛肉 ················ 350克

净慈姑 ·············· 150克

熟菜胆 ·············· 100克

山楂 ················· 50克

红枣 ················· 30克

莲子 ················· 20克

葱丝、姜丝 ·········· 各5克

精盐、酱油 ········· 各1小匙

白糖、胡椒粉 ······· 各少许

淀粉、水淀粉 ······· 各适量

植物油 ·············· 2大匙

做法

1. 牛肉洗净,切成块,加入酱油、淀粉拌匀,腌渍10分钟;山楂、红枣、莲子分别收拾干净。

2. 锅中加油烧热,下入葱丝、姜丝炝锅,放入牛肉块炒透,加入适量清水焖40分钟。

3. 再放入慈姑、山楂、莲子、红枣,继续焖5分钟,然后加入精盐、白糖、胡椒粉调好口味,用水淀粉勾芡,出锅装盘,用熟菜胆围边即可。

养生功效

人体的蛋白质需求量越大,饮食中所应该增加的维生素B_6就越多。牛肉中含有足够的维生素B_6,可增强免疫力,促进蛋白质的新陈代谢和合成,对身体虚弱者有很好的恢复效果。

极品大众菜

材料

猪肘肉	1000克	桂皮、八角	各5克
净猪肚	1个	丁香、香叶	各3克
鲜豌豆粒	200克	精盐、酱油	各2小匙
咸鸭蛋黄	8个	味精、白糖	各1小匙
葱段、姜末	各10克	胡椒粉、白酒	各适量

沪香罗汉肚

🐷 猪肘 🌶 酸辣味 🕐 4小时

做法

1. 肘子肉洗净,切成小丁,加入精盐、味精、白酒、姜末、白糖、胡椒粉、咸鸭蛋黄、豌豆粒拌匀,装入净猪肚内,用竹扦封严。

2. 锅中加入清水、丁香、桂皮、八角、香叶、酱油、葱段和猪肚,旺火烧开后转小火煮约1.5小时。

3. 将煮好的罗汉肚捞入方盘内,上压重物,冷却后切成大片,装盘上桌即可。

206

百花酒焖肉

🍖五花肉 🥢咸鲜味 ⏰90分钟

材料

带皮五花肋肉 …	1000克
葱段 …	15克
姜片 …	10克
精盐 …	2小匙
味精 …	1小匙
白糖、百花酒 …	各3大匙
酱油 …	2大匙

做法

1. 用烤叉插入五花肋肉中，肉皮朝下烤至皮色焦黑，离火取肉块。

2. 再放入温水中泡软，洗净，切成大小均等的方块，在每块肉皮上剞上芦席形花刀。

3. 取砂锅，垫入竹箅，放入葱段、姜片，将肉块皮朝上摆放入锅中，加入清水、酱油、百花酒、白糖、精盐，置旺火上烧沸。

4. 盖上锅盖，转小火焖1小时至酥烂，然后转旺火收浓汤汁，拣去葱段、姜片，加入味精，出锅即成。

清炖狮子头

🍲 五花肉　🍜 咸鲜味　⏰ 2小时

材料

五花猪肉 ············ 600克
猪排骨 ············· 100克
猪肉皮 ·············· 80克
油菜心 ·············· 50克
鸡蛋清 ·············· 2个
精盐 ··············· 1小匙
味精 ············· 1/2小匙
葱姜汁、料酒 ··· 各2大匙

做法

1. 五花猪肉剁成肉蓉,加入葱姜汁、料酒、精盐、味精、鸡蛋清和适量清水搅匀上劲,再用手团成10个肉圆。

2. 猪肉皮刮洗干净,切成小块,放入沸水锅中略焯一下,捞出用冷水冲净,沥干水分。

3. 排骨洗净,剁成小段,放入沸水锅内焯烫出血水,捞出沥净;油菜心洗净,切成小段。

4. 砂锅中放入肉圆、排骨、肉皮和清水烧沸,转小火炖约2小时,再放入菜心、精盐略煮即可。

尖椒 ·············· 750克　　胡椒粉油 ··········· 适量

精盐、味精 ······ 各2小匙　　物油 ················ 适量

甜面酱、白糖 ··· 各1大匙

酱虎皮尖椒

青尖椒 ～ 香辣味 ♨ 几天

养生功效

青椒的维生素C含量极其丰富，不但可以改善黑斑及雀斑，还具有清暑补血、消除疲劳、预防感冒和促进血液循环的作用。

做法

1. 尖椒洗净，去蒂及籽，放入热油锅中煎上颜色，捞出沥油，放入盘内，拨散晾凉。

2. 将精盐、甜面酱、白糖、胡椒粉和味精放入容器内调拌均匀，制成酱汁。

3. 将尖椒放入调制好的酱汁内拌匀，盖上容器盖并且密封，置于阴凉处，酱腌至入味，食用时取出，装盘上桌即可。

干菜焖腩肉

🐷猪肉　🥢咸香味　⏲30分钟

材料

猪肉 ················ 300克

豆角干 ············· 75克

豆皮 ················ 50克

葱段、姜片 ········ 各15克

红干椒、八角 ··· 各10克

精盐、酱油 ······ 各2小匙

高汤 ················ 200克

胡椒粉、白糖 ···· 各1小匙

香油、植物油 ··· 各适量

做法

1. 将猪肉去掉筋膜，用清水洗净，切成大片；豆皮泡软，打上结。

2. 将豆角干放入清水浸泡至发涨，捞出沥水，切成3厘米长的小段。

3. 锅置火上，加入植物油烧热，加入葱段、姜片、红干椒和八角爆香，放入肉片煸炒出油。

4. 加入酱油、精盐、豆皮、豆角干炒匀，放入高汤、白糖、胡椒粉，转小火焖至熟嫩，淋入香油，出锅装盘即可。

养生功效

　　猪肉中含有丰富的维生素B_1和维生素B_2，能够帮助人体新陈代谢。此外后臀尖还可提供有机铁和促进铁吸收的半胱氨酸，能改善缺铁性贫血。

锅煎鳜鱼

🐷肥膘肉　🍲鲜香味　⏰30分钟

材料

猪肥膘肉 ············· 200克

鳜鱼肉 ··············· 150克

净青菜叶 ·············· 数片

鸡蛋清 ················· 2个

香葱粒、姜末 ······· 各15克

精盐、白糖 ········· 各2小匙

味精、花椒粉 ··· 各1小匙

料酒、淀粉 ······ 各1大匙

植物油 ················· 适量

做法

1. 鳜鱼肉洗净，切片；猪肉洗净，入水锅煮至七分熟，取出切成片。

2. 碗中放入鸡蛋清1个，加入淀粉、花椒粉、香葱粒、姜末、精盐、白糖、味精拌匀。

3. 鱼肉片、猪肉片挂匀蛋清糊，与青菜片叠成3层，挂匀蛋清、淀粉及清水调匀的糊，再放入热油锅中煎至金黄色，出锅装盘即成。

五彩金针菇

金针菇 ❀ 咸鲜味 ❀ 一〇分钟

材料

金针菇··········· 200克　　精盐、味精 ······ 各1小匙

青椒、红椒 ······ 各30克　　香油 ············ 1/2小匙

绿豆芽 ··········· 20克　　植物油 ············ 2小匙

做法

1. 金针菇去掉菌根，洗净，切成两段，放入沸水锅内，加入少许精盐焯烫一下，捞出沥水。

2. 青椒、红椒分别洗净，去蒂及籽，切成6厘米长的丝；绿豆芽掐去两端，洗净、沥干。

3. 锅中加入清水烧沸，分别下入青椒丝、红椒丝、绿豆芽焯至熟，捞出，用冷水过凉，沥干水分。

4. 金针菇、青椒、红椒、绿豆芽放入容器中，加入精盐、味精、香油、植物油拌匀，装盘上桌即可。

甲鱼焖羊肉

🐑羊肉 🍲咸鲜味 ⏰2小时

材料

净羊肉 ·············· 500克

甲鱼 ················· 1只

枸杞子、党参 ······ 25克

制附片、当归 ··· 各10克

葱段、姜片 ········ 各5克

冰糖、料酒 ······ 各2大匙

精盐、味精 ······ 各2小匙

胡椒粉 ············· 1小匙

植物油 ············· 3大匙

做法

1. 甲鱼用沸水烫一下，刮去表面黑膜，剁去脚爪，洗净，与羊肉一同放入冷水锅内煮沸，捞出洗净，切成块。

2. 锅中加入植物油烧热，下入甲鱼肉、羊肉块煸炒，烹入料酒，继续煸干水分。

3. 放入冰糖、党参、制附片、当归、葱段、姜片、精盐和清水烧沸，转小火焖熟，放入枸杞子焖10分钟，放入味精、胡椒粉调匀即成。

养生功效

羊肉中含有丰富的蛋白质和氨基酸，其中尤以肌氨酸含量丰富，肌氨酸可以提高人的智力，并且对增长肌肉、增强力量特别有效，对青少年的发育有很好的效果。

材料

虾仁粒	250克	精盐、米醋	各1/2小匙
猪肥膘蓉	80克	味精	少许
净豆苗	50克	料酒	1大匙
荸荠末	50克	水淀粉	5小匙
鸡蛋清	1个	植物油	适量
葱末	10克		

锅煎虾饼

虾仁 · 咸鲜味 · 20分钟

养生功效

海虾的营养丰富，且其肉质松软，易消化，对身体虚弱以及病后需要调养的人是极好的食物。

做法

1. 虾仁粒、猪肥膘蓉、荸荠末加入鸡蛋清、味精、葱末、精盐、料酒、水淀粉搅匀；豆苗用沸水焯烫一下，捞出沥水。

2. 锅置火上，加入植物油烧至七成热，将虾肉蓉挤成丸子，放入锅中压成小圆饼后略煎一下。

3. 翻面后再用手勺压一下，淋入少许植物油略煎，然后再淋入少许植物油煎至内外熟透。

4. 滗去锅内余油，烹入料酒、米醋炒匀，出锅装盘，用焯熟的豆苗围在周围，上桌即成。

泡椒炒羊肝

❻羊肝 ☕香辣味 ⏰30分钟

材料

羊肝·················· 300克
蒜苗·················· 30克
红泡椒················ 20克
姜末·················· 5克
精盐·················· 1小匙
味精·················· 1/2小匙
胡椒粉··············· 1/2小匙
料酒、水淀粉 ··· 各2大匙
香油、植物油 ··· 各适量

做法

1. 红泡椒洗净,切成两半;蒜苗洗净,切成小段;羊肝洗净,剔去筋膜,切成大小均匀的薄片。

2. 锅中加入适量清水,放入料酒烧沸,再下入羊肝片焯至变色,捞出沥水。

3. 坐锅点火,加入植物油烧至五成热,先下入姜末、红泡椒炒出香辣味,再放入羊肝片、蒜苗段翻炒至刚熟。

4. 然后加入精盐、味精、胡椒粉炒至入味,再用水淀粉勾薄芡,淋入香油,出锅装盘即可。

大蒜烧蹄筋

🐮牛蹄筋　🧄蒜香味　⏰60分钟

材料

鲜牛蹄筋 ………… 300克

大蒜 ……………… 50克

青椒、红椒 …… 各20克

葱花 ……………… 15克

精盐 ……………… 1小匙

白糖 ……………… 2小匙

海鲜酱油 ………… 1大匙

料酒、水淀粉 … 各2大匙

植物油 …………… 适量

做法

1. 鲜牛蹄筋洗净,切成小段,放入清水锅中,用中火煮至熟,捞出牛蹄筋,用冷水冲净。

2. 青椒、红椒洗净,去蒂及籽,切成小条;大蒜去皮,洗净,用热油炸成金黄色,捞出、晾凉。

3. 锅中加入植物油烧热,下入葱花、蒜瓣炒香,放入熟牛蹄筋、海鲜酱油、料酒、白糖、精盐烧沸。

4. 转小火烧至汁浓,再放入青椒条、红椒条翻炒均匀,用水淀粉勾芡,即可出锅装盘。

材料

净猪大肠··········· 500克　　精盐、鸡精 ····· 各1小匙
红干椒··········· 100克　　白糖、酱油 ····· 各2小匙
姜片、蒜片 ····· 各10克　　料酒、植物油 ··· 各适量
花椒粒············· 20克

辣子肥肠

🐷 猪大肠 🌶 香辣味 ⏰ 20分钟

养生功效

现代医学研究发现，猪肠中含有一种称为共轭亚油酸的物质，有比较好的抗癌作用，加上猪肠中的胆固醇，可以很好地增强人体的抗癌能力。

做法

1. 猪大肠洗净，放入清水锅中煮熟，捞出晾凉，切成块，再下入热油中略炸，捞出沥油。

2. 锅中留底油烧至七成热，先下入姜片、蒜片炒出香味，再放入红干椒、花椒粒，转中火炒至变色。

3. 然后放入猪大肠翻炒片刻，再加入料酒、精盐、酱油、白糖、鸡精，小火烧至入味，即可出锅装盘。

什锦烩山药

 山药 咸鲜味 20分钟

材料

山药 ·················· 200克

豌豆荚 ············· 80克

胡萝卜、地瓜 ··· 各50克

鲜冬菇 ············· 30克

葱末、姜末 ······ 各5克

精盐、香醋 ······ 各适量

清汤 ················· 适量

水淀粉 ············· 1大匙

植物油 ············· 少许

做法

1. 山药、地瓜分别去皮，洗净，切成片；鲜香菇去蒂，洗净，剞上十字花刀。

2. 将胡萝卜去根、去皮，洗净，切成凤尾花刀；豌豆荚洗净，切成段。

3. 净锅置火上，加入植物油烧热，下入葱末、姜末炒出香味，烹入香醋，倒入清汤烧沸。

4. 放入山药、豌豆荚、胡萝卜、地瓜和冬菇，用中火烧烩至熟，加入精盐，用水淀粉勾芡，出锅即成。

养生功效

山药中含有大量淀粉及蛋白质、B族维生素、维生素C、维生素E、葡萄糖等，其中的薯蓣皂甙成分，是合成女性激素的先驱物质，有助于调节更年期女性体内激素的失调状态。

豆沙包

🌀面粉 ☕香甜味 🐻45分钟

材料

中筋面粉 ………… 300克

发酵面粉 ………… 200克

豆沙馅 …………… 300克

食用碱 ………… 1/2小匙

白糖 …………… 适量

做法

1. 将中筋面粉、发酵面粉过筛，全部放入容器内，加入白糖和食用碱调拌均匀。

2. 再倒入适量温水揉按均匀，和成面团，盖上湿布，稍饧片刻。

3. 将面团放在案板上，搓成长条，揪成20个大小均匀的剂子，按扁擀成圆皮。

4. 包入豆沙馅，捏严口，团成球形，摆入蒸锅内，用旺火足汽蒸15分钟至熟，取出即成。

灌汤煎饺

面粉

咸香味

60分钟

材料

面粉	500克	精盐	2小匙
羊肉末	400克	料酒、酱油	各1大匙
鸡汁冻	150克	鸡精、味精	各1小匙
葱末、姜末	各15克	淀粉、香油	各适量
蒜末	15克	植物油	适量

做法

1. 将1/3的面粉放入容器内，倒入沸水和成烫面，加入其余的2/3面粉和凉水和成面团。

2. 羊肉末加入料酒、香油、酱油、精盐、鸡精、味精搅匀；把鸡汁冻切碎，同葱末、姜末、蒜末一起放入羊肉末内拌匀成馅料。

3. 面团搓条，揪成剂子，擀成圆皮，包入馅料，捏成饺子坯；淀粉、面粉、清水调成稀糊。

4. 平煎刷油，放入煎饺生坯煎至底面微黄，倒入稀面糊，加盖煎熟，出锅即成。

葡萄干蒸糕

🥣面粉 🍜香甜味 ⏰40分钟

材料

面粉 ·················· 200克

玉米面 ·················· 100克

葡萄干 ·················· 50克

核桃仁、枸杞子 ··· 各15克

鸡蛋 ·················· 3个

白糖 ·················· 3大匙

发酵粉 ·················· 1小匙

做法

1. 将面粉、玉米面一同放入容器内，用筷子沿一个方向搅拌均匀。

2. 鸡蛋搅散，倒入面粉内，加入清水、白糖搅匀成糊，再放入发酵粉及葡萄干搅成面糊。

3. 面糊倒在抹过油的方盒内，在上面再撒入葡萄干、核桃仁、枸杞子。

4. 方盒放入蒸锅内，用旺火蒸约20分钟至熟，取出切块，装盘即成。

养生功效

　　小麦中含有的糖类可以帮助蛋白质和脂肪的代谢，提供人体所需的热量，维持大脑和神经系统的正常运作，刺激人的思维活动，有醒脑、健脑的功效。

材料

薏米	150克	白糖	100克
糯米	75克	冰糖	50克
红枣	50克		

薏米红枣粥

薏米 ♥ 香甜味 ⏱ 4小时

养生功效

薏米可抑制骨骼肌收缩,能减少肌肉之挛缩,缩短其疲劳曲线;能抑制横纹肌之收缩,具有镇静、镇痛及解热作用,对风湿痹痛患者有良好的效果。

做法

1. 将薏米淘洗干净,放入清水中浸泡;糯米洗净,放入清水中浸泡约2小时;红枣择洗干净,去掉果核,取净红枣果肉。

2. 净锅置火上,加入适量清水烧煮至沸,加入薏米煮40分钟,再下入糯米,继续小火煮30分钟。

3. 然后放入红枣,小火煮15分钟,加入白糖、冰糖,继续煮至米粒开花,离火出锅,盛入大碗中,上桌即可。

辣味茄丝炒面

🍜面条　🍵香辣味　⏰20分钟

材料

面条 ················· 500克

茄子 ················· 200克

猪肉 ················· 150克

葱丝、姜丝 ········ 各15克

精盐、味精 ······ 各2小匙

酱油、料酒 ······ 各1大匙

白糖、辣椒粉 ··· 各1小匙

水淀粉 ················· 2大匙

植物油、高汤 ··· 各适量

做法

1. 猪瘦肉剔去筋膜、洗净,切成细丝,再加入料酒、水淀粉抓匀,浆好;茄子去蒂及皮,切成细丝,放入清水中浸泡。

2. 锅中加入适量清水,上火烧沸,下入面条煮熟,捞出沥干。

3. 锅中加油烧至七成热,下入猪肉丝滑散,再加入辣椒粉、葱丝、姜丝、料酒、酱油和茄子略炒。

4. 然后加入白糖、精盐、味精、高汤,下入熟面条炒匀,出锅装盘即可。

图书在版编目（CIP）数据

极品大众菜 / 吉科食尚编委会主编. -- 长春：吉
林科学技术出版社，2015.1
　ISBN 978-7-5384-8778-7

　Ⅰ．①极… Ⅱ．①吉… Ⅲ．①家常菜肴－菜谱 Ⅳ.
①TS972.12

中国版本图书馆CIP数据核字(2014)第302175号

极品大众菜 Jipin Dazhongcai

主　　编　吉科食尚编委会
出 版 人　李　梁
策划责任编辑　张恩来
执行责任编辑　赵　渤
封面设计　长春创意广告图文制作有限责任公司
制　　版　长春创意广告图文制作有限责任公司
开　　本　720mm×1000mm　1/16
字　　数　250千字
印　　张　14
印　　数　1-8 000册
版　　次　2015年5月第1版
印　　次　2015年5月第1次印刷
出　　版　吉林科学技术出版社
发　　行　吉林科学技术出版社
地　　址　长春市人民大街4646号
邮　　编　130021
发行部电话/传真　0431-85677817　85635177　85651759
　　　　　　　　　　85651628　85600611　85670016
储运部电话　0431-86059116
编辑部电话　0431-85635186
网　　址　www.jlstp.net
印　　刷　辽宁泰阳广告彩色印刷有限公司
书　　号　ISBN 978-7-5384-8778-7
定　　价　29.90元